KB094485

께!

# 이기는 스포츠,
# 수학·과학으로
# 답을 찾아라!

글 김승태 | 그림 이창우

# 이기는 스포츠, 수학·과학으로 답을 찾아라!

지음과모음

# 차례

# 책머리에

    오랫동안 수학을 강의해 오면서 수학이 일상생활에서 도대체 어떤 쓸모가 있느냐는 질문을 종종 받곤 합니다. 하지만 우리 주변을 찬찬히 둘러보면 그 말이 쉽게 반박된다는 점을 바로 알 수 있습니다. 스포츠와 수학의 관계도 마찬가지라고 할 수 있습니다. 스포츠는 동적인 움직임으로 이루어지기 때문에 추상적이고 규칙적인 수학과는 언뜻 거리가 먼 것처럼 보일 수 있습니다. 하지만 스포츠와 수학은 상상 이상으로 서로 밀접하게 연결되어 있습니다. 야구 같은 운동만 보더라도 타율, 경기장, 배트 규격 등등 상당 부분이 확률이나 도형 또는 숫자의 배열이 숨어 있습니다.

    사실 스포츠와 수학은 밀접한 것 이상입니다. 스포츠의 움직임을 가장 정확하게 표현할 수 있는 길 역시 수학입니다. 야구공이 그냥 빠르다는 말보다 야구공의 속력이 150km/h라는 말이 더 정확한 의미로 와닿을 것입니다.

한편 스포츠 경기에서 판정이나 승패를 가르는 판단 기준은 공정하고 정확해야 하는데, 이때 수학이 중요하게 활용됩니다. 남과 경쟁하여 실력을 겨루는 스포츠에서 수학이라는 도구가 없다면 판단 기준이 엉망이 되어 공정한 경쟁을 할 수 없을 것입니다.

이 책에서는 수학을 사랑하는 정신이와 과학을 좋아하는 체력이가 엉뚱하고 유쾌한 한계 삼촌과 함께 수영, 축구, 육상 등 다양한 스포츠의 역사와 경기 방식 그리고 그 속에 담겨 있는 수학과 과학의 원리를 찾아다닙니다. 이 여정을 함께하다 보면 어느새 우리 가까이 있었던 수학과 과학을 발견할 수 있을 것입니다. 또한 여기에 소개된 스포츠 종목을 친구들과 함께 직접 즐겨 보면서 수학과 과학이 주는 재미까지 몸으로 익힐 수 있을 것입니다.

이 책을 읽은 여러분이 정신이와 체력이처럼 수학과 과학을 사랑하는 아이들로 자라나길 기대해 봅니다.

수학 사냥꾼
김승태

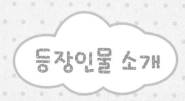

등장인물 소개

정신이

운동이라면 누구에게도 뒤지지 않을 정도
로 좋아하고 잘하는 초등학교 6학년 여학
생이다. 운동으로 실력을 겨루는 것을 좋아하는 만큼 남학생들과 종종
스포츠 대결을 벌인다. 힘도 세고 정신력까지 강한 덕분에 친구들을 다
치게 해서 엄마한테 혼이 많이 난다. 정신이가 운동만큼 좋아하는 것은
수학! 가장 친한 친구인 체력이, 한계 삼촌과 함께 운동에 숨은 수학과
과학의 원리를 찾아 나선다.

체력이

체력이 좋은 것은 물론 머리까지 좋은 초등학교 6학년 남학생이다. 정신이를 좋아해서 거의 매일 어울려 다니는 정신이의 친한 친구다. 정신이가 수학을 좋아하는 만큼 체력이는 과학을 좋아하고 잘한다. 정신이 덕분에 스포츠에 관심이 많아져서 체력이 점점 더 좋아지고 있다는 후문이다. 집안 내력일 수도.

## 한계 삼촌

체력이의 삼촌이다. 이름처럼 체력에는 정말 한계가 없다. 하지만 수학과 과학에 관해서는 글쎄. 사랑스런 조카 체력이와 체력이의 친구인 정신이와 함께 어울려 놀기를 좋아하지만, 수학이나 과학 이야기가 본격적으로 시작되려고 하면 진저리를 치며 그 자리를 피한다. 학창 시절 수학과 과학 공부를 잘하지 못했기 때문이다. 헬스 트레이너 외에도 다양한 스포츠와 관련된 아르바이트를 하고 있다

# 프롤로그

오늘도 정신이는 담벼락에 기대어 서서 눈물을 참고 있다. '나처럼 씩씩하고 용감한 학생은 눈물을 보이면 안 된다.'라는 것이 정신이의 생각이다. 뾰로통한 얼굴로 볼에 한가득 바람을 넣고 있는 정신이는 스포츠를 좋아하는 초등학교 6학년 여학생이다.

아, 말 안 했구나. 정신이가 오늘도 눈물을 참는 이유는 엄마에게 혼이 났기 때문이다. 학교 수학 시험에서 좋은 점수를 받지 못해서 혼난 것은 아니다. 정신이는 수학을 아주 좋아해

이기는 스포츠, 수학·과학으로 답을 찾아라!

서 누구보다 열심히 공부했기에 초등학교 수학 시험에서는 한 문제도 틀리지 않거든. 수학 하나만큼은 인근 초등학교, 아니 중학교까지 통틀어 정신이가 가장 잘한다.

그럼 정신이가 눈물을 삼키는 이유는 뭘까? 또래 남학생을 때렸다고 엄마에게 꾸중을 들었기 때문이다. 하지만 정신이는 억울했다. 자신은 정정당당하게 대결을 했을 뿐이다. 정신이는 스포츠에 만능이라 유도나 씨름 등 격투기 역시 상당히 잘한다. 그러니까 엄마 말씀처럼 자신이 싸움을 하고 다니는 것이 아니라, 남학생들과 스포츠를 통해 실력을 겨룬 것이다.

하지만 정신이와 대결한 어떤 남학생들은 격투기 선수에게 얻어맞은 것처럼 과장해서 이야기하고 다닌다. 정신이의 주먹과 발차기는 국가 대표 선수급이라고 해도 손색없거든. 정신이가 오늘도 중학생 선배와 겨루기를 하다가 코피를 터트렸으니 엄마에게 혼이 날 수밖에. 하루 이틀 일이 아니거든.

"큭큭, 정신아. 오늘은 또 누굴 잡아서 엄마에게 혼난 거니?"

정신이의 속도 모르고 괜한 말을 건네 따가운 눈총을 받는 남학생은 정신이의 친한 친구, 체력이다. 스포츠광인 정신이와 종일 어울려 다니다 보면 지칠 법도 하지만, 체력 하나는 끝내주기에 잘 버티며 정신이랑 친하게 지낸다.

체력이는 과학에 관한 일이라면 온종일 책을 찾아 읽고 인터넷을 뒤질 정도로 좋아한다. 휴대 전화의 구조를 파헤쳐 보겠다고 보험도 들지 않은 휴대 전화를 분해했다가 망가뜨려 엄마에게 엄청나게 혼난 적도 있다.

체력이가 정신이에게 위로 아닌 위로를 하고 있을 때 마침 체력이의 삼촌인 한계 삼촌이 어슬렁거리며 다가왔다. 삼촌 역시 체력이만큼, 아니 그보다 훨씬 체력이 좋다. 만능 스포츠맨인 한계 삼촌은 체력에 한계가 없는 만큼 거의 모든 종류의 운동을 다 잘한다. 할아버지가 삼촌의 이름을 '한계'라고 지으신 것은 정말 잘하신 듯하다.

삼촌은 줄넘기를 한번 했다 하면 줄이 바닥에 닳아서 끊어질 때까지 했다. 삼촌 말에 의하면 운동장에서 팔 굽혀 펴기를 시작하면 땅이 움푹 파일 정도로 오래 할 수 있다고 한다. 더 어렸을 적에 체력이는 삼촌의 그 말을 진짜로 믿었다.

한계 삼촌은 정신이를 보자마자 눈치도 없이 말했다.

"어이쿠, 우리 정신이가 오늘도 운동을 많이 했나 보네. 눈가가 촉촉한 것을 보니."

체력이에 이어 한계 삼촌까지 놀려대자 정신이의 인내심도 더는 버틸 수가 없었나 보다. 끝내 정신이는 진짜 울어 버리고 말았다.

"으아아아아앙!"

정신이의 울음이 체력이와 삼촌은 잠깐 당황했지만 이내 정신이를 다시 놀리기 시작했다.

"삼촌, 정신이 눈에 뭐가 들어갔나 봐요."

"정말 그런가 보다. 나도 눈에 뭐가 들어가면 그 이물질을 빼기 위해 저렇게 크게 울곤 하지."

정신이는 계속해서 눈치 없이 자신을 놀리는 체력이 때문에라도 마음을 가다듬고 정신을 차려야겠다는 생각이 들었다.

"체력이 너! 당장 나하고 겨루자! 어때?"

금세 울음이 쏙 들어간 정신이가 말했다.

"좋아. 이 몸이 직접 상대해 주지!"

체력이는 살짝 겁도 났지만, 겨루기 실력을 키우기 위해 기꺼이 대결을 승낙했다. 하지만 승부는 정신이가 엄마에게 서운했던 마음까지 날려 버릴 만큼 시원하게 체력이를 이기며 끝났다.

"이야, 너희들 완전 액션 영화배우 같더라. 킥킥."

삼촌은 낄낄대면서 다가와 스마트폰으로 그 둘을 찍은 사진을 보여 주었다.

"자, 이걸로 수학 공부 좀 해 볼까?"

첫 번째 사진이다.

"이 정도의 각이면 수학에서 예각에 해당하지. **예각이란 0°에서 90° 사이의 각을 말한다.**"

삼촌이 말했다.

수학적으로만 생각하는 학생들은 모르겠지만, 직접 얻어맞은 체력이는 예각의 아픔을 실감했다. 정신이의 발차기에 허벅지를 맞는 순간, 숨이 턱 멎는 듯했다. 허벅지에는 대동맥이라는 큰 혈관들이 통과하는데, 그것이 순간적으로 압박되면 숨 쉬기 힘들 정도의 통증을 유발한다. 이것이 바로 격투기 선수들이 로우킥으로 상대의

이기는 스포츠, 수학·과학으로 답을 찾아라!

예각 $0° < \theta < 90°$

**스마트폰의 사진 1**

하반신을 공격하는 이유이다.

두 번째는 악몽과 같은 장면이다. 정확히 $90°$ 각도로 들어오던 발차기다. 이때 옆구리를 강타당한 체력이는 하마터면 비명을 지를 뻔했다.

하지만 삼촌은 아랑곳하지 않고 수학의 $90°$, 즉 직각에 대해서만 계속 설명할 뿐이었다.

"다음."

세 번째 사진에는 체력이의 얼굴에 한바탕 태풍이 휩쓸고 간 듯한 문제의 장면이 찍혀 있었다.

그 발차기 각도는 둔각이었다. **둔각은 90° 초과, 180° 미만의 각이**다. 그들은 그렇게 실전으로 익히며 수학의 각도를 공부하였다. 예각, 직각, 둔각 하나씩 말이다.

직각 $\theta = 90°$

**스마트폰의 사진 2**

이기는 스포츠, 수학·과학으로 답을 찾아라!

정신이와 삼촌은 즐겁게 수학을 공부했지만, 체력이는 한 각, 한 각 배울 때마다 그때의 아픔이 되살아나는 듯했다. 눈물이 주르륵 흘러내릴 정도로 서럽기도 했다.

한계 삼촌이 체력이의 눈물을 발견하고는 말했다.

"우리 체력이 수학 공부 진짜 열심히 했구나. 얼굴에서 땀이 너무 많이 흐르네. 하하하. 세수도 할 겸 다같이 수영장에 갈까?"

그제야 체력이까지 모두가 즐거워졌다. 체력이는 겨루기에서 패

둔각  $90° < \theta < 180°$

배한 부끄러움과 아픔을 잊기로 했다.

하지만 정말 아쉽게도 한계 삼촌의 수학 공부는 여기서 끝이 날 것이다. 삼촌이 아는 수학은 예각, 직각, 둔각이 거의 전부이니까.

이기는 스포츠, 수학·과학으로 답을 찾아라!

# 1 물속에서 배우는 작용과 반작용

수영장에 온 정신이와 체력이는 수영복으로 갈아입고 준비 운동을 했다. 수영을 하기 전에는 반드시 준비 체조나 스트레칭을 해야 한다. 준비 운동을 하지 않고 수영을 하면 위험할 수도 있다.

정신이는 수영장을 둘러보았다. 정신이는 다른 어른들처럼 다이빙을 하고 싶었다. 마침 이 수영장은 수영 경기를 치르던 곳이라 다이빙대가 있었다. 일반적인 수영장에서는 다이빙을 금지하고 있으니, 이번 기회에

꼭 해 보고 싶었다.

정신이의 간절한 마음을 읽었는지 삼촌이 물었다.

"애들아, 다이빙을 가장 멋지게 할 수 있는 높이가 대략 얼마쯤인지 아니?"

"멋지게 할 수 있는 높이요? 높으면 높을수록 멋진 거 아닌가요?"

"네가 진정 과학을 좋아하는 학생 맞냐?"

체력이의 순진한 대답을 들은 삼촌이 핀잔을 주었다.

"삼촌, 다이빙 높이와 과학에 어떤 관련이 있어요?"

체력이는 과학이라는 말에 눈이 번쩍 뜨였다. 수영장이 약간 추워서 잠이 오려던 참이었다.

"그럼! 다이빙 경기는 과학적으로 그 높이를 정했거든."

삼촌은 다이빙대를 가리키며 말을 이어나갔다.

"먼저, 수면 위 3m 높이의 보드에서 뛰어내리는 게 스프링보드 다이빙이다. 그리고 수면 위 10m 높이에서 뛰어드는 게 하이 다이빙이지."

"아, 다이빙에는 하이 다이빙과 스프링보드 다이빙의 두 종류가 있구나."

"그래. 그리고 바로 그 높이 3m와 10m에 과학이

숨겨져 있어. 그런데 왜 높이를 3m와 10m로 정했는지 알겠니?"

"음, 무게 중심과 관련이 있을 것 같아요."

체력이가 목소리에 무게를 실어 멋지게 대답했다.

"역시 체력이, 대단한데? 다이빙 선수들은 달리거나 서거나 물구나무 자세에서 다이빙을 시도한다. 그럼 그때 선수들의 무게 중심은 보드 위 1.2m 정도에 있지. 그리고 보드에서 일단 도약을 한 다음 공중에 떠 있는 시간은 1.4초 정도가 되는데, 이 사이에 선수들은 몇 가지 동작으로 자신의 기량을 선보일 수 있지. 무게 중심을 고려해서 수면에 입수하기 전까지 동작을 펼칠 수 있는 가장 적합한 높이가 바로 3m와 10m야. 물론 다른 동물이 아닌 인간의 무게 중심으로만 계산된 수치란다."

한계 삼촌의 설명을 들으며 정신이는 뭔가를 골똘히 생각하는 듯했다.

"저도 무게 중심이라는 말을 들으니 떠오르는 게 있어요."

"뭔데?"

"삼각형의 무게 중심!"

삼촌의 눈에 동공 지진이 일어났다. 앞에서 설명한 과학적 내용도 미리 검색해서 외워 온 것이었다. 그것이 한계 삼촌의 마지막 과학 지식인 것을 정신이와 체력이가 알 리가 없었다.

하지만 수학을 잘하는 정신이는 아주 재밌다는 듯 삼각형의 무게

1. 물놀에서 배우는 작용과 반작용

중심을 설명하기 시작했다.

일단 삼각형에서 무게 중심을 찾는 방법부터 알아보기로 했다.

"일단 삼각형을 그리고 세 변의 중점을 각각 찾아. 컴퍼스와 자만 있으면 찾기 어렵지 않아."

"컴퍼스와 자로 선분의 중점 찾기?"

"체력아, 어렵지 않아. 아주 쉬워."

정신이가 체력이를 위해 선분에서 중점을 찾는 방법을 보여 주었다.

"이런 방법으로 삼각형의 세 변의 중점들을 각각 찾아 나가면 돼."

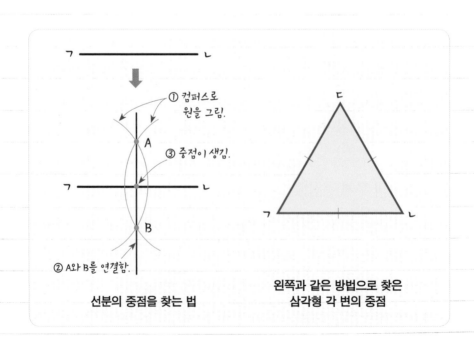

선분의 중점을 찾는 법

왼쪽과 같은 방법으로 찾은
삼각형 각 변의 중점

이기는 스포츠, 수학·과학으로 답을 찾아라!

"그래서 무게 중심은 어디지?"

"응. 이제 중점을 연결시켜 찾아볼게. 각 변의 중점에서 마주보는 꼭짓점을 찾아 연결해 주면 세 중선들이 만나는 공통의 점이 있어. 그 점이 바로 삼각형의 무게 중심이야."

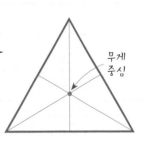

"생각보다 쉬운데?"

"이왕 배우는 거, 삼각형 무게 중심의 성질도 알아보자."

"중선과 중점을 기준으로 반으로 나누어진 삼각형의 넓이는 언제나 같아."

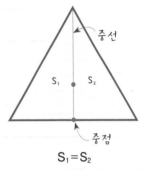

$S_1 = S_2$

"또 중점과 연결된 중선은 무게 중심을 기준으로 항상 2대 1로 내분돼."

"내분?"

"체력아, 너도 체력만 기르지 말고 수학 공부도 좀 해. 내분은 안에서 나눈다는 뜻이야. 다시 말해 그 선분 안에서 2대 1로 나누어진다는 것이지."

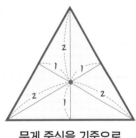

무게 중심을 기준으로
2대 1로 내분된 중선

"모든 삼각형의 무게 중심이 다 그런 거야?"

"물론! 모든 삼각형이 다 그래. 아무리 삐뚤어진 삼각형이라도."

옆에서 듣고 있던 삼촌이 수학 이야기에 좀이 쑤셨는지 체력이의 배꼽을 찌르며 말했다.

"그럼 이건 체력이의 무게 중심이냐? 큭큭, 수학은 이제 그만하자. 수영장에 왔으면 수학이 아니라 수영을 해야지."

삼촌의 말에 세 사람은 차례로 수영장에 뛰어들었다.

풍덩, 퐁당, 철퍼덕!

"아이고, 배야!"

삼촌과 정신이는 제법 멋지게 다이빙했지만, 체력이는 일명 '배치기'로 입수하는 바람에 가슴과 배가 벌겋게 되었다.

"체력아, 많이 아파?"

"응. 배치기는 충돌 면적이 넓어서 아프다고."

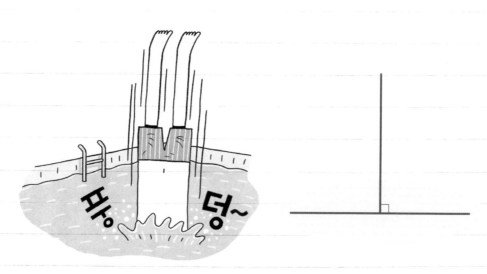

**몸이 수면과 수직이 되도록 물에 뛰어든 경우**

이기는 스포츠, 수학·과학으로 답을 찾아라!

"잘 아는 애가 왜 그렇게 무모한 짓을 했니?"

"미끄러진 거야. 잘 알지도 못하면서……."

체력이는 아프기도 하고 부끄럽기도 해서 얼버무렸다.

체력이의 말처럼 다이빙은 충돌 면적이 중요하다. 다이빙 선수들이 수직으로 다이빙하는 것은 충돌 면적을 최소화하여 물을 많이 튀기지 않고 부드럽게 입수하기 위함이다. 그런 다이빙을 하기 위해 수영 선수들은 과학적이고 체계적인 훈련을 한다.

체력이는 과학 이야기로 체면을 만회하고자 나섰다.

"이쯤에서 이 체력이가 수영의 과학에 관해 한마디 할 수밖에."

"머리 아프니까 길게 말하지 말고 짧게 해."

삼촌이 귀에 들어간 물을 빼며 말했다.

"다이빙 선수들이 몸을 둥글게 말아 입수하는 이유는 뭘까요?"

"너처럼 배치기하지 않으려고?"

"삼촌은 자꾸 부끄럽게…… 땡!"

"그럼 뭔데? 뜸 들이지 말고 말해 봐."

정신이가 호기심을 보이며 말했다.

"공중제비를 도는 단계에서 몸을 동그랗게 말아 몸의 반지름과 회전 운동에서의 관성을 줄임으로써 빠르게 회전하기 위해서!"

"관성과 반지름? 좀 더 쉽게 말해 봐."

"몸을 동그랗게 말면 회전이 빨라진다는 거야. 김연아 선수가 회

전할 때 몸을 웅크리고 돌면 더 빨라지는 것과 같아."

"아, 그렇구나. 스포츠 선수들은 너무 멋진 것 같아!"

"그럼 이 몸도 박태환 선수처럼 멋지게 수영해 볼까?"

한계 삼촌을 필두로 체력이와 정신이도 수영을 하기 시작했다. 한계 삼촌은 정말 체력에 한계가 없는 것 같다. 벌써 수영장 양 끝을 몇 번째 왔다 갔다 하는지 모른다. 한계 삼촌이 턴을 하느라 발로 수영장 벽을 계속 찍어 대는 바람에 수영장 벽이 닳아 구멍이 나지는 않을까 하는 걱정이 들 정도였다. 걱정도 잠시, 체력이는 또다시 수영에서 과학을 발견했다.

"삼촌! 수영할 때 작용과 반작용 법칙이 작용하고 있다는 사실 아

이기는 스포츠, 수학·과학으로 답을 찾아라!

세요?"

"엥? 너는 왜 또 수영하는 맛 떨어지게 과학 타령이냐?"

정신이가 웃으며 끼어들었다.

"호호호, 수영의 맛이라…… 삼촌은 시인이 되셔도 좋겠어요."

한계 삼촌이 우쭐해하는 사이, 체력이는 정신이의 말에 과학적으로 조목조목 따지고 들었다.

"수영에 무슨 맛이 있다고 그러니? 소독약 맛이니? 그리고 수영하다가 물이 코로 들어가면 얼마나 맵게?"

"하하. 네 말도 재밌네. 어쨌든 작용과 반작용이 수영에 어떻게 적용되는지 나도 알 것 같아."

킥킥, 하지만 한계 삼촌은 모르는 것 같다. 체력이는 언젠가 어머니에게 한계 삼촌의 학창 시절 이야기를 들었던 게 문득 생각나 웃음이 터져 나올 뻔했다.

"자유형을 예로 들어 설명해 볼게. 팔을 앞으로 뻗어 물을 잡아 뒤로 끌면, 물이 그 작용에 대해 저항하는 힘으로 몸을 앞으로 보내지. 이게 바로 작용과 반작용의 원리야."

"음, 청개구리 같은 원리구나."

체력이가 설명을 마치자 한계 삼촌이 말했다.

"와, 한계 삼촌은 역시 문학적이시라니까요. 비유가 찰떡같아요."

정신이가 감탄하자 다시 우쭐해진 한계 삼촌은 자신은 평형, 일명

개구리헤엄 전문이라고 덧붙였다.

영법에는 네 가지가 있다. 자유형, 접영, 배영, 평영. 그중 가장
빠른 것이 자유형이고, 접영, 배영, 평영의 순서이다. 세계 신기록
으로 보더라도 자유형이 가장 빠르다.

## 수영의 세계 신기록

자유형 > 접영 > 배영 > 평영

자유형

접영

배영

평영

신기한 점은 각각의 기록 차이가 대략 3초 간격으로 차이가 난다는 것이다.
위에서 쓴 부등호 (>)는 크기와 대소 관계를 비교할 때 쓰는 수학 기호이다.

이기는 스포츠, 수학·과학으로 답을 찾아라!

이때 정신이가 질세라 수학 문제를 하나 냈다.

"수학적으로 보면 자유형과 배영을 한 집합으로 또 접영과 평영을 다른 한 집합으로 묶을 수 있어. 그 이유는 뭘까?"

수학이라는 말이 나오자 아는 것에 한계를 느낀 삼촌이 수영장 벽을 닳아 없어지게 만들겠다며 헤엄쳐 가 버렸다. 혼자 남은 체력이도 정신이의 날카로운 질문은 두려웠다.

"히, 히, 힌트 좀."

"대칭!"

체력이는 저절로 고개를 숙였다. 알았다는 뜻이 아니고, 대칭이라는 수학 용어가 등장하자 체력이 떨어져 고개를 떨군 것이다.

체력이의 고개를 떨구게 한 대칭에 대해 알아보자. 우리가 체력이의 자존심을 세워 주자.

## 대칭

점이나 직선 또는 평면의 양쪽에 있는 부분이 꼭 같은 모양으로 배치되어 있는 것이다. 교과서에도 나오는 인도의 타지마할은 완벽한 대칭의 미를 자랑하는 건축물로 유명하다.

"아, 알았다! 접영과 평영은 몸의 좌우가 완전히 대칭을 이루도록 팔과 다리를 모두 똑같이 움직이는 수영 자세이고, 자유형과 배영은 비대칭을 이루는 수영 자세인 거지?"

"오오, 체력이 너 좀 하는데?"

"나의 체력에는 한계가 없다고!"

자신만만한 외침과 함께 한계 삼촌이 자유형에서 배영으로 자세를 바꾸더니 다시 사라져 갔다. 정신이와 체력이가 수학 이야기를 계속하는 한, 삼촌은 수영하기를 멈추지 않을 것이다.

"체력아, 아주 잘 들었어. 그럼 이제 선대칭과 점대칭을 활용해서

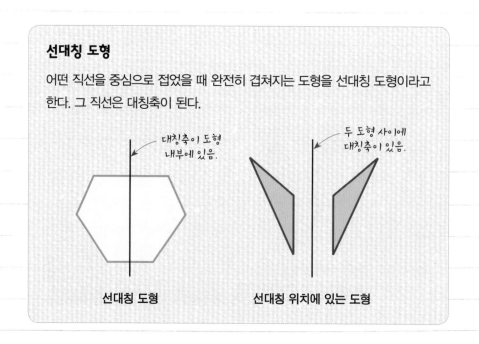

**선대칭 도형**

어떤 직선을 중심으로 접었을 때 완전히 겹쳐지는 도형을 선대칭 도형이라고 한다. 그 직선은 대칭축이 된다.

대칭축이 도형 내부에 있음.

두 도형 사이에 대칭축이 있음.

선대칭 도형 　　　　　 선대칭 위치에 있는 도형

이기는 스포츠, 수학·과학으로 답을 찾아라!

설명해 줄래?"

"……."

그렇다. 체력이가 설명하는 데에도 한계가 있어서 입을 떼지 못했다.

"호호호, 양보하는 거지? 그럼 내가 설명할게."

정신이가 웃으며 말했다.

저 멀리 사라지는 한계 삼촌을 뒤로하고 정신이가 먼저 선대칭 도형에 관해 설명을 시작했다.

"선대칭 도형은 접영이나 평영에서도 찾아볼 수 있어. 잘 봐!"

## 점대칭 도형

한 점을 중심으로 180° 돌렸을 때 처음과 같아지는 도형을 점대칭 도형이라고 한다.

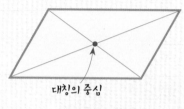

대칭의 중심

**점대칭 도형**

점대칭 위치에 있는 도형에서 서로 반대 방향에 있는 두 점을 연결했을 때, 이 선분들이 만나는 점이 있다. 그 점이 바로 대칭의 중심이다. 점대칭 위치에 있는 두 도형을 대칭의 중심을 기준으로 180° 돌리면 완전히 겹쳐진다. 즉 합동이 된다.

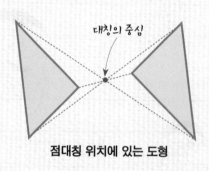

대칭의 중심

**점대칭 위치에 있는 도형**

"자유형과 배영은 한쪽 팔이 올라가면 나머지 팔은 내려오는 점대칭 도형에 비유되지."

한계 삼촌은 여전히 수영을 하고 있었다. 수학은 그렇게 한계 삼

이기는 스포츠, 수학·과학으로 답을 찾아라!

촌을 체력의 극한으로 몰고 가고 있었다. 정신이가 얼른 삼촌에게
외쳤다.

"삼촌, 이제 수영 그만하셔도 돼요. 수학 얘기는 다 끝났어요."

 선대칭 도형이 무엇인지 설명해 보고, 선대칭을 이루는
곤충을 찾아보자.

1. 물놀에서 배우는 작용과 반작용

"아야!"

정신이와 함께 축구장에 놀러 온 체력이가 어디선가 날아온 공에 뒤통수를 맞아 앞으로 고꾸라졌다.

"체력아, 괜찮아?"

"아니. 내 머리에 뭐가 부딪친 거야? 분명 지구같이 엄청 큰 물건이지? 아오, 너무 아파!"

"역시 체력이는 아픔도 과학적으로 표현하는구나! 맞아. 네 뒤통수를 강타한 건 지구와 같이 엄청 크고 딱딱한 축구공이야."

체력이가 벌떡 일어나며 씩씩대었다.

"축구공에 맞아서 내 안구가 빠질 뻔했다고."

이기는 스포츠, 수학·과학으로 답을 탐아라!

"하하하, 네가 지금까지 구로 이루어진 도형을 세 개나 말한 거 아니?"

"구라고?"

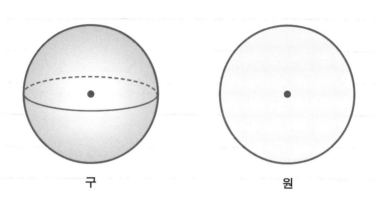

구                                         원

구와 원은 다르다. **구는 부피를 가지는 입체 도형이고, 원은 납작한 평면 도형**이다.

"내가 어떻게 구를 세 가지나 말했다는 거니?"

"잘 들어 봐, 체력아. 먼저, 네가 맞았다고 느낀 지구의 구. 하지만 실제로 네가 맞은 건 축구공의 구, 마지막으로 축구공에 맞아 튀어나올 뻔했다고 말한 안구의 구! 이 세 가지가 다 같은 구야. 구는 한마디로 공 모양이야."

"그럼 나도 한마디 할게. 바로 축구공의 과학이야. 축구공이 둥근 모양인 데는 그럴 만한 이유가 있어. 동그래야 잘 구를 테니까 그런

거라고? 그것도 맞지만, **공은 공기 저항에도 균형을 잘 유지하게 해 쉬.** 공이 둥글면 둥글수록 공을 찰 때 목표한 지점에 정확히 다다를 수 있거든. 축구는 골을 넣어 득점하는 방식이니까 당연히 축구공은 동그래야 해."

이때, 한계 삼촌이 축구공을 가지고 나타났다.

한계 삼촌이 축구공을 무릎으로 툭툭, 발로 톡톡 튕기면서 공을 땅에 떨어뜨리지 않는 묘기를 보여 주었다. 정신이와 체력이는 한동안 삼촌의 묘기를 넋 놓고 지켜봤다.

정신이가 마침내 입을 열었다.

"체력아, 축구공에도 수학이 들어 있는 거 알아?"

"뭐라고? 이 공에 뭐가 들었다고?"

한계 삼촌이 물었다. 여전히 공을 땅에 떨어뜨리지 않은 채였다.

"축구공에도 수학이 숨어 있다고요!"

한계 삼촌이 공을 머리 위로 올려 통통 튕겼다. 시선이 오로지 머리 위 공을 향해 고정된 것을 볼 때, 한계 삼촌은 수학이라는 말을 들은 것이 틀림없다. 아마도 삼촌은 한동안 공만 찰 것 같다. 수학은 한계 삼촌의 적이다.

"그래? 그렇다면 신기한 일인데, 말해 줘."

체력이의 말에 정신이가 팔짝 뛰어오르며 삼촌의 공을 가로챘다.

"어, 온종일 할 수도 있는데……."

이기는 스포츠, 수학·과학으로 답을 찾아라!

삼촌이 아쉬워했다.

"이 공을 잘 보세요. 축구공을 이루고 있는 도형들이 보이나요?"

"오, 까만 정오각형이 보인다. 내가 맞혔다!"

한계 삼촌도 도형을 본 모양인지 얼른 대답했다.

"삼촌, 까만 정오각형만 있는 것이 아니에요. 하얀 정육각형도 있잖아요."

이번에는 체력이가 말했다.

"역시 축구를 잘하려면 운동장을 많이 뛰어야지."

한계 삼촌은 수학 이야기가 지루했는지 운동장 바닥이 꺼질 때까지 뛸 기세였다. 모래바람이 일 정도였다.

그러는 동안 정신이가 삼촌의 축구공을 갈라서 펼친다. 아이고, 축구공 하나가 못쓰게 되었구나.

"정신아! 지금 뭐 하는 거야? 축구공이 아깝잖아!"

체력이가 다급하게 외쳤다.

"응, 너에게 보여 줄 게 있어서. 수업료 냈다고 생각해."

"뭐야, 공이 완전히 엉망이 됐잖아."

"너는 하나만 알고 둘은 모르니? 이건 축구공의 전개도야."

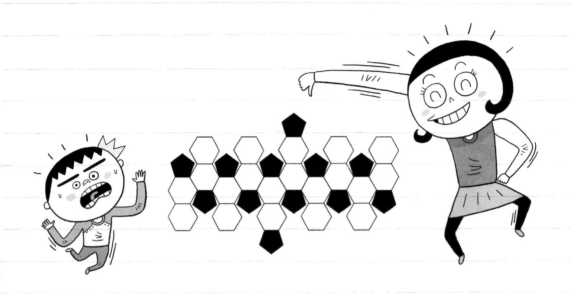

공이 터진 것을 본 한계 삼촌도 운동장을 뛰다 말고 다가왔다.

"공이 왜 이렇게 됐냐?"

삼촌이 물었다. 정신이는 들은 체 만 체하면서 물었다.

"축구공이 이렇게 정오각형과 정육각형으로 이루어진 이유를 아는 사람 있나요?"

한계 삼촌은 아 참, 하면서 급하게 팔 굽혀 펴기를 했다. 체력이도 급하게 바닥에 엎드려 팔 굽혀 펴기를 했다.

"크크크, 다들 왜 이러시나? 내가 말해 줄 테니 그만 일어나세요."

한계 삼촌도 체력이도 정신이의 말에 순순히 따랐다. 이유는 궁금했나 보다.

이기는 스포츠, 수학·과학으로 답을 찾아라!

"축구공이 잘 굴러가려면 최대한 곡면이어야 하겠죠? 입체 모양을 만드는 데 여러 가지 방법이 있겠지만, 일반 축구공 모양처럼 오각형과 육각형을 섞어서 연결해야 동그란 곡면을 만들 수 있어요. 왜냐하면 완벽한 구의 전개도는 만들 수 없기 때문이죠."

한계 삼촌도 궁금했는지 귀를 쫑긋거렸다.

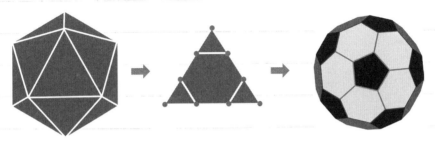

**정이십면체의 각 모서리를 삼등분한 뒤
각 꼭짓점을 잘라 만든 '깎은 정이십면체'**

"좀 더 자세히 말해 보면, **축구공은 정이십면체의 꼭짓점을 잘라 만든 도형**이에요. 원래 정이십면체의 모서리는 30개이고, 꼭짓점은 12개고요. 자, 그럼 축구공 면의 개수는 몇 개일까요?"

"전개도를 세어 보면 32개야."

체력이가 전개도를 보며 말했다.

"원래 정이십면체는 정삼각형 모양의 면 20개인데, 꼭짓점을 자르면 20개의 육각형으로 변해. 그리고 꼭짓점을 잘라 낸 자리에 생긴 오각형의 면은 정이십면체의 꼭짓점 수와 같으니까 12개가 되지. 이 둘을 더하면 면의 총 개수는 20＋12, 즉 32개야."

체력이의 답도 맞지만 정신이가 수학적으로 설명해 주었다.

"자, 그렇다면 축구공의 모서리는 몇 개일까요? 사실 면의 개수만 알면 쉽게 구할 수 있어."

정신이가 다시 물었다.

"어휴, 그것도 세어 보지 않고는 잘 모르겠는데?"

체력이가 살짝 울상을 지었다.

"정이십면체의 꼭짓점을 자르면 12개의 오각형이 생기니까 오각형마다 모서리를 5개씩 더 세야 해. 이게 12×5니까 60인데, 거기에 정이십면체의 원래 모서리 30개를 더하니까 모서리 총수는 30＋60, 즉 90개가 돼. 또 축구공의 꼭짓점은 정이십면체의 모서리마다 두 개씩 생기므로 30×2, 즉 60개야."

"뭐? 정말 어렵다."

"어렵지만, 도형을 잘라서 본 그대로니까 이것보다 더 쉽게 말하긴 힘들어. 이해하는 건 듣는 이의 몫으로 남겨 두자."

정신이가 은근히 한계 삼촌을 쳐다보며 말했다.

"우리 수학 그림 찾기 해 볼까? 축구 경기장에 숨어 있는 도형을 찾아라! 어때? 되게 어렵지?"

듣는 둥 마는 둥 하던 한계 삼촌이 정신이의 시선을 회피하며 말

했다. 축구공에 숨은 수학적 비
밀은 이해하기 어려워도 도형
에는 자신이 있었나 보다.

축구 경기장

"수학 그림 찾기요?"

"와, 재밌겠는데. 우선 원이
보이네."

정신이가 잽싸게 말했다.

"뭐야, 그게 끝이잖아."

체력이가 투덜거리며 말했다.

"아니, 잘 찾아보면 또 있어."

정신이의 말에 이 문제의 출제자인 한계 삼촌이 바짝 긴장했다.

"아, 코너킥을 할 수 있는 곳에 사분원이 있네!"

체력이가 외쳤다.

"사분원은 학년이 올라가면서 등장하는 수학 용어야. 원을 4분의
1로 나눈 것으로 중심각의 크기는 90°이고."

정신이가 사분원에 대한 설명을 시작하자, 한계
삼촌은 다시 축구장을 뛰러 가 버렸다.

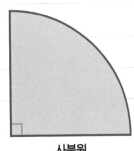

사분원

"그럼 마지막 하나 남은 도형은 내가 말해 주지."

"정신아, 도형이 또 있다고? 나는 모르겠는데?"

"페널티 킥 박스 위에 그려진 활꼴이 있잖아."

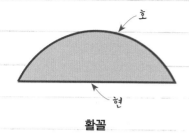

호

현

**활꼴**

"활꼴?"

"그래. 활꼴은 호와 현으로 이루어진 도형이야."

"그럼, 이제부터는 내가 축구 속의 과학에 관해 이야기할래."

체력이의 말에 정신이도 흥미를 보였다.

"오늘 축구 속 과학은 ⭐바나나킥이다."

"뭐, 바나나를 먹으면서 축구 경기를 하는 게 과학이라도 되니?"

"그게 아니라, 바나나킥을 할 때 공이 바나나처럼 휘어져 날아가는 작용에 관해 말하려는 거야!"

"괜히 좋아했네. 먹는 바나나가 아니잖아."

귀가 밝은 한계 삼촌이 바나나라는 말에 다시 돌아왔다.

"바나나킥에는 과학에서 말하는 마그누스 효과가 적용돼."

헉, 마그누스 효과라는 말에 한계 삼촌은 차라리 체력의 한계를 느낄 때까지 뛰는 것이 낫겠다고 생각했다. 한계 삼촌은 다시 땅이 꺼지라고 달리기 시작했다.

체력이는 정신이에게 마그누스 효과를 직접 보여 주겠다며 공을 중앙에서 오른쪽으로 꺾어 찼다. 있는 힘껏.

공은 슈욱~ 날아가면서 정말 큰 바나나처럼 휘어졌다. 아뿔싸.

⭐ **바나나킥**
축구에서 공이 휘어서 날아가도록 차는 일.

이기는 스포츠, 수학·과학으로 답을 찾아라!

공은 축구장을 뛰던 한계 삼촌의 머리를 정통으로 강타했다.

"아, 삼촌! 죄송해요. 많이 아프세요?"

한계 삼촌은 날아오는 바나나킥을 상대로 의도하지 않은 헤딩슛을 날렸다.

"와, 정말 공이 바나나 모양으로 휘어지면서 날아가는구나."

정신이가 감탄하며 말했다.

"그래, 이게 바로 축구공의 과학이지. **마그누스 효과는 빠르게 회전하는 쪽으로 공이 휘어지게 된다는 원리야.**"

43

"와, 바나나킥과 과학 그리고 축구! 뭐든 알고 보면 더 재미난 것 같아."

스포츠를 좋아하는 정신이는 누구보다 승부 근성이 있었으므로 수학 이야기를 또 한 번 꺼냈다.

"그럼 이번에는 내가 축구공과 관련 있는 수학 도형 이야기 하나를 더 들려줄게. 삼각형 내각의 합이 달라지는 비유클리드 기하학 이야기를 할 거야."

"나는 유클리드 기하학만 들어 봤는데……."

운동장에서는 마침 두 명의 아이가 축구공으로 패스 연습을 하고 있었다. 그것을 보고는 체력이가 다시 말했다.

"나는 축구 경기를 할 때 패스하는 것을 보면 유클리드 기하학의 첫 번째 이야기에서 1번, 즉 **'임의의 서로 다른 두 점을 지나는 직선은 유일하다.'**라는 원칙이 생각나."

"어떻게?"

정신이가 의아해하며 되물었다.

"한 선수를 점 A라 하고 또 다른 선수를 점 B라고 해 보자. 점 A에서 점 B를 향해 직선으로 패스하는 것을 보면, 유클리드 이론에서 임의의 서로 다른 두 점을 지나는 직선은 유일하다는 생각이 들어."

44

"체력이의 수학적 상상력이 뛰어나구나. 하지만 내가 오늘 하고 싶은 이야기는 비유클리드 기하학이야. 지금 이 축구공 위에서 보여 줄 거야."

## 유클리드 기하학

우리가 사는 세상을 설명할 때 사용하는 기하학으로, 그리스의 수학자 유클리드가 만들었다고 하여 유클리드 기하학이라고 한다. 유클리드는 기하학에 적용할 다섯 개의 기본 이야기와 수학 전체에 통용되는 다섯 개의 이야기를 다음과 같이 정리하였다.

## 다섯 개의 기본 이야기

1. 임의의 서로 다른 두 점을 지나는 직선은 유일하다.
2. 직선은 무한히 연장할 수 있다.
3. 임의의 점을 중심으로 임의의 길이를 반지름으로 하는 원을 그릴 수 있다.
4. 모든 직각은 서로 같다.
5. 한 평면 위의 직선이 그 평면 위의 두 직선과 만날 때 같은 측면의 내각의 합이 180°보다 작으면, 이 두 직선을 한없이 연장하면 그쪽에서 만난다.

## 또 다른 다섯 개의 이야기

1. 어떤 것 둘이 어떤 것과 서로 같다면, 그 둘은 서로 같다.
2. 서로 같은 것에 서로 같은 것을 더하면, 그 결과도 서로 같다.
3. 서로 같은 것에 서로 같은 것을 빼면, 그 결과도 서로 같다.
4. 서로 일치하는 것은 서로 같다.
5. 전체는 부분보다 더 크다.

45

"비유클리드 기하학?"

"체력이 너를 위해 유클리드 기하학에서 출발하는 게 더 이해하기 쉬울 것 같아. 체력아, 삼각형 내각의 합은 얼마지?"

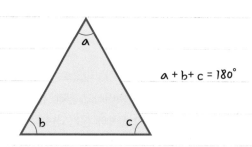

$$a + b + c = 180°$$

"당연히 180°지."

"그래. 그 당연한 180°가 어떻게 변하는지 알아보자. 이 축구공 위에 삼각형을 그려 봐."

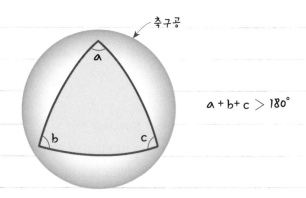

축구공

$$a + b + c > 180°$$

"체력아, 그럼 이제 네가 그린 삼각형의 세 각을 재서 모두 더해

이기는 스포츠, 수학·과학으로 답을 찾아라!

볼래?"

"아니, 이럴 수가! 180°가 넘어."

"그래, 이게 바로 비유클리드 기하학이라는 거야. **비유클리드 기하학은 유클리드 기하학으로 채울 수 없는 부분을 보완해 주지.** 비유클리드 기하학은 수학이라는 학문의 진화라고 할 수 있지."

이때 한계 삼촌이 돌아왔다.

"너희들, 축구공 들고 뭐 하냐? 축구공은 손이 아니라 발로 다루는 거야. 공 이리 줘."

한계 삼촌은 비유클리드 기하학에서의 삼각형이 그려진 축구공을 뻥 하고 멀리 차 버렸다. 마그누스 효과에 따라 바나나킥이 곡선을 그리며 날아가고 있었다.

**퀴즈 2** 구와 원의 차이점을 말해 보고, 우리 주변에서 찾을 수 있는 구와 원을 각각 써 보자.

2. 축구공 위에 그린 삼각형

## 3 원반을 가장 멀리 날리는 방법

　육상 경기장을 찾은 정신이와 체력이가 달리기를 하고 있었다. 어김없이 한계 삼촌이 나타나 그들 뒤를 따라 달렸다.

　"한계 삼촌, 이렇게 육상 트랙을 달리니까 마치 선수가 된 듯한 기분이에요."

　"육상은 말이야, 모든 스포츠의 기본이다. 인류의 발생과 함께했거든. 달리고, 뛰고, 던지는 활동은 생존을 위한 필수적인 방어와 공격법이었으니까."

　모처럼 박식한 말을 하고 우쭐해진 한계 삼촌이 팔다리를 크게 휘저으며 씩씩 소리를 냈다.

　"이야, 한계 삼촌 뛰는 모습이 마치 원시인 같다!"

한계 삼촌을 보며 체력이가 키득거렸다.

"그럼 이제 우리 육상에서도 수학과 과학을 찾아볼까?"

정신이가 말했다.

"어, 어, 어? 한계 삼촌!"

한계 삼촌은 체력이를 순식간에 제치고 벌써 저만치 뛰어가고 있었다.

"체력아, 너 200m 달리기 해 봤니?"

정신이가 물었다.

"해 본 적은 없지만, 올림픽 중계를 봐서 좀 알지. 200m 달리기는 곡선을 먼저 달리고 결승선까지는 직선으로 들어오는, 곡예와 속도 두 가지로 이루어진 멋진 경기지."

"그래. 200m 달리기는 직선뿐만 아니라 곡선에서의 질주도 중요해. 곡선을 달릴 때 몸이 기울어진 각의 정도가 승부를 결정짓기도 해. 대개 12°로 기울어져 뛰는 것이 가장 이상적이래."

12°로 기울어진 채 달리려고 애쓰며 체력이와 정신이는 이번에는 필드 경기장으로 갔다. 육상에는 달리기와 같은 트랙 경기뿐만 아니라 뜀뛰기나 던

3. 원반을 가장 멀리 날리는 방법

지기와 같은 필드 경기도 있다.

"이제 이 체력 님이 먼저 과학에 저항한 필드 경기를 소개할게."

"과학에 저항한 필드 경기라고?"

"좀 더 자세히 이야기하면 만유인력에 저항하는 종목이라고 할 수 있겠군."

## 지구와 만유인력

지구는 만유인력으로 말미암아 지구에 있는 물체를 지구 중심으로 당기는 힘을 가진다. 많은 학생들이 '모든 물체는 당연히 아래로 떨어진다.'라고 말할 것이다. 하지만 '아래로 떨어진다'는 것이 그렇게 당연한 것은 아니다. 말하자면 위로 올라가는 경우도 있다. 아래 그림을 보자.

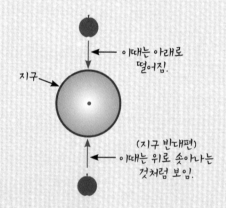

떨어진다는 것은 상대적인 개념이다. 그렇기 때문에 '만유인력'이라는 용어를 사용하여 당기는 힘에 대한 설명을 통일한 것이다.

이기는 스포츠, 수학·과학으로 답을 찾아라!

"아하, 나 알 것 같아. 높이뛰기를 말하는 거지?"

"역시 정신이는 눈치가 빠르군. 높이뛰기는 지구에서의 만유 인력의 반대 방향인 위쪽으로 뛰어오르는 스포츠야. 그래서 높이뛰기는 과학을 거스르는 스포츠인 셈이지."

"그게 다야?"

체력이는 정신이가 시시하다는 반응을 보이자, 이 순간만큼은 과학 법칙을 무시하고 아주 높이높이 뛰어오르고 싶었다.

정신이의 시선을 애써 외면하면서 체력이가 철봉 쪽으로 달려가더니 높이뛰기를 했다.

"이거 봐라! 만유인력도 이 체력이를 막지 못한다고!"

만유인력을 설명하려다가 체면을 조금 구겼지만, 체력이의 높이뛰기 동작은 그런대로 멋졌다.

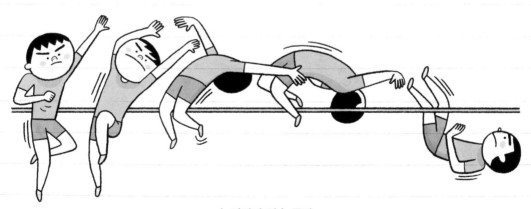

높이뛰기 연속 동작

3. 원반을 가장 멀리 날리는 방법

체력이의 멋진 동작을 보고 있던 정신이가 멀리뛰기를 하겠다고 나섰다. 멀리뛰기는 제자리에 서서 또는 일정한 지점까지 도움닫기와 도약의 힘을 이용해 최대한 앞으로 멀리 뛰어 그 거리로 겨루는 육상 경기다. 정신이가 멀리뛰기 동작을 설명했다.

"멀리뛰기는 도움닫기, 발 구르기, 공중 동작, 착지와 같은 네 개 동작의 순서로 하면 돼."

"아, 나도 알아. 빠르게 도움닫기를 하고, 발 구름판에서 힘껏 지면을 박차 올라 최대한 멀리 뛰어야 해."

"그래, 맞아. 빠른 속도로 뛰고 가속도를 몸에 실어 발을 구른 뒤 공중으로 몸을 날려야지."

설명과 동시에 정신이가 슈웅 하고 멀리뛰기를 하였다. 체력이는 정신이가 착지한 곳으로 얼른 따라가 말했다.

"과학적으로 말하면 **운동 에너지를 위치 에너지로 바꿔 공중으로 몸을 날리는 거지.**"

"잘난 체 좀 그만하고 너도 해 봐."

정신이의 말에 체력이는 멀리뛰기를 변형한 종목인 세단뛰기를 선보였다. 발 구름판을 한 발로 껑충 뛰는 홉(hop), 다시 한 발로 뛰는 스텝(step), 마지막으로 두 발을 함께 도약하는 점프(jump)!

화려한 연속 동작을 마친 체력이가 숨을 헐떡거리자, 정신이가 다가와 말했다.

이기는 스포츠, 수학·과학으로 답을 찾아라!

**세단뛰기 연속 동작**

"제법인데? 네가 한 세단뛰기를 보니까 이차 함수가 생각난다."

정신이는 운동장에 쪼그려 앉아 모래 바닥에 이차 함수의 그래프를 그리기 시작했다.

"네가 보여 준 높이뛰기와 세단뛰기는 이차 함수에서 a가 음수 값을 가져서 뒤집어진 그래프의 모양과 같아."

"오, 그런 것 같아. 육상 경기와 관련된 이차 함수는 대부분 뒤집어진 이차 함수의 그래프 모습으로 나타나겠군."

그래프를 보고 있던 체력이가 말했다.

## 이차 함수

실수 전체의 집합을 정의역과 공역으로 하는 함수.
$y=f(x)$가 $y=ax^2+bx+c(a\neq0,\ a,\ b,\ c$는 상수)와 같이 $y$가 $x$에 관한 이차
식으로 나타내어질 때, 이 함수 $f$를 $x$에 관한 이차 함수라고 한다.

## 이차 함수 $y=ax^2$의 그래프

이차 함수 $y=ax^2$의 그래프와 같은 곡선을 포물선이라 하고, 포물선의 대
칭축을 포물선의 축, 포물선과 축이 만나는 교점을 포물선의 꼭짓점이라고
한다.

- 원점 $(0, 0)$을 꼭짓점으로 하고 $y$축을 축으로 하는 포물선이다.
- $a>0$이면 아래로 볼록하고, $a<0$이면 위로 볼록하다.
- $a$의 절댓값이 클수록 포물선의 폭이 좁아진다.
- $y=-ax^2$의 그래프와 $x$축에 대하여 대칭이다.

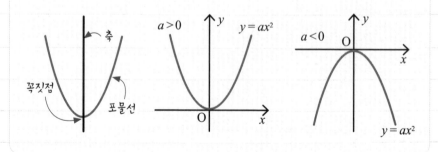

이기는 스포츠, 수학·과학으로 답을 찾아라!

어느새 체력이와 정신이 뒤로 다가와 지켜보던 한계 삼촌은 바닥에 그려진 암호 같은 그림과 도통 알아들을 수 없는 말들 때문에 머리가 복잡했다. 이내 머리를 흔들어 털더니 세계 신기록을 깨려는 사람처럼 다시 뛰기 시작했다.

"이야, 한계 삼촌은 정말 쉼 없이 달리시는구나. 육상 하면 가장 먼저 떠오르는 것은 달리기지. 하지만 힘을 겨루는 종목들도 있어."

"그래, 맞아. 육상 종목에는 달리기 말고도 던지기가 있지. 그럼 우리 투척 경기에 대해 공부해 볼까?"

체력이랑 정신이는 투척 경기장 쪽으로 걸었다.

"투척 경기는 손에 쥔 물체를 누가 더 멀리 던지느냐를 겨루는 경기야. 체력아, 투척 경기도 수학과 밀접한 관계가 있다는 거 아니?"

정신이가 물었다.

"아, 그래?"

"물론이지. 투척 경기에는 원반던지기, 해머던지기, 창던지기, 포환던지기와 같은 종목이 있잖아. 역시 곳곳에 수학이 숨어 있지."

55

마침 한계 삼촌이 수류탄 투척하는 흉내를 내며 운동장 한가운데
로 달려갔다. 삼촌은 용맹한 군인처럼 보였다. 삼촌은 수학이 싫은
거야.

투척 경기는 던지는 각도와 손에서 떨어지는 순간의 속도에 의해
거리가 결정된다.

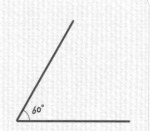

### 각도

각도는 각의 변의 길이와는 상관없다. 각도를 나타
낼 때는 °(도)를 기본 단위로 사용한다. 1°는 360°를
똑같이 360으로 나눈 하나이다.

### 속도

물체의 속력과 방향을 동시에 나타내는 양.

**원반던지기 조각상**

"정신아, 그거 아니? 원반던지기는 고대 그리
스의 병사들이 강물을 건널 때 먼저 방패를 강 건
너편으로 던진 것에서 시작되었대. 고대 올림픽에
서는 최고 인기 종목이어서 우승자는 올림픽 최고 스
타 대우를 받았는데, 우승자의 청동 조각상까지 만들
어졌대."

이기는 스포츠, 수학·과학으로 답을 찾아라!

"오, 나도 미술책에서 조각상을 본 것 같아. 그럼 원반던지기부터 시작해 보자. 수학적으로 볼 때 원반은 둥글고 넓적한 원 모양이야."

## 원

평면 위의 한 점에서 일정한 거리에 있는 점들로 이루어진 곡선.
컴퍼스로 한 끝점을 고정하고 다른 한 끝점을 한 바퀴 돌리면 원이 된다. 이때, 컴퍼스로 찍은 점, 즉 원의 둘레의 모든 점으로부터 항상 같은 거리에 있는 점을 '원의 중심'이라고 하고, 원의 중심에서 원 위의 한 점까지의 거리를 '원의 반지름'이라고 한다. 한 원에서 반지름은 수없이 많으며, 반지름의 길이는 항상 같다.
또 원의 중심을 지나도록 원 위의 두 점을 이은 선분을 '원의 지름'이라고 한다. 한 원에서 지름은 수없이 많으며, 지름의 길이는 항상 같다.

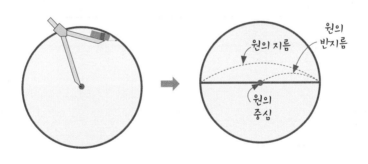

정신이와 체력이는 원에 관해 이야기하며 원반던지기 경기장으로 갔다.

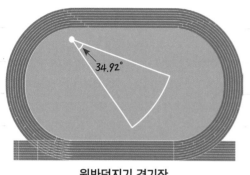

**원반던지기 경기장**

"와, 여기가 원반 던지는 장소구나. 잔디를 보니까 축구를 하고 싶어지네."

체력이는 공중에 헛발질을 몇 번 해 보이며 말했다.

"크크. 그래? 나는 경기장을 보니까 부채꼴이 보이는데?"

정신이가 말했다.

"어디?"

"원반을 던질 수 있는 저 공간 말이야. 중심각은 34.92°야."

"아, 저게 부채꼴이구나."

"그거 아니? 부채꼴은 원의 일부라는 것 말이야."

정신이가 바닥에 그림을 그려 설명해 주었다.

**부채꼴**

호와 두 반지름으로 만들어진 도형이다. 원의 중심이 가운데에 오도록 '부채꼴 ㄱㅇㄴ' 또는 '부채꼴 ㄴㅇㄱ'이라고 읽는다.

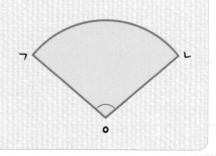

이기는 스포츠, 수학·과학으로 답을 찾아라!

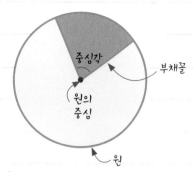

"이렇게 보니까 잘 나누어진 피자 조각이 생각나네."

피자라는 말을 들었는지 허기를 느낀 한계 삼촌이 드디어 달리기를 멈추고 다가왔다.

"원의 넓이를 이용하면 부채꼴의 넓이를 구할 수 있어요. 자세히 말하면 전체 원의 반지름과 중심각의 크기만 알면 돼요."

정신이가 자신 있게 말했다.

"갑자기 피자 맛이 떨어지는구나."

한계 삼촌은 입맛을 다시며 원반을 집어 들고 뛰어갔다.

"좋아, 그럼 내가 문제를 낼게. 중심각의 크기는 60°이고 반지름이 10cm인 부채꼴의 넓이는?"

체력이가 문제를 냈다.

"누워서 떡 먹기인데? 부채꼴이 원의 일부니까 일단은 반지름 10cm인 원의 넓이를 구해 볼게."

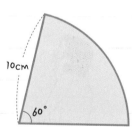

$$10 \times 10 \times 3.14$$

"그러고 나면 부채꼴의 넓이는 금방 나오지."

$$10 \times 10 \times 3.14 \times \frac{60}{360}$$

3. 원반을 가장 멀리 날리는 방법

"즉, 원의 넓이에서 60°를 360°로 나눈 값을 곱해 주면 부채꼴의 넓이가 된다고."

"아하, 중심각을 360°로 나누어 부채꼴의 넓이를 구하다니 정말 기발한데?"

이때 한계 삼촌이 다가왔다.

**원반던지기 연속 동작**

이기는 스포트, 수학·과학으로 답을 찾아라!

"뭐가 기발하냐?"

"부채꼴의 넓이요."

체력이가 대답했다.

그 말에 한계 삼촌이 원반을 집어 들더니 수학이라도 되는 듯이 멀리 던져 버렸다. 가거라. 수학아!

한계 삼촌은 원을 그리듯 몸을 회전하면서 원반을 던졌다. 그 모습을 보면서 체력이가 물었다.

"정신아, 그럼 이번엔 내가 원반던지기에 숨어 있는 과학 이야기 하나 해 줄까?"

"원반던지기와 과학? 좋지."

"원반은 맞바람을 뚫고 갈 때 더 잘 나아간다."

"뭐라고? 맞바람이면 속도가 줄어들어야 하는 거 아냐? 왜 그런 건데?"

"신기하지? 원반은 마치 비행기 날개와 같은 원리로 날아가기 때문이야."

"그게 양력 맞지?"

"역시 정신이는 똑똑하구나. **원반던지기를 할 때 원반의 아랫부분이 공기를 미는데, 이때 그 공기의 반작용으로 원반을 들어 올리는 힘, 즉 양력이 작용해.**"

"아, 맞바람이 불면 바람이 원반의 아래쪽을 받쳐 원반이 날아가는 시간을 늘려 주는구나. 맞지?"

"그렇지!"

체력이는 문득 정신이와 자신이 마치 원반과 공기처럼 서로 도움을 주고받는 친구로 오래 남았으면 좋겠다는 생각이 들었다.

이때 한계 삼촌이 낑낑대며 해머를 들고 돌아왔다.

**해머던지기 연속 동작**

이기는 스포츠, 수학·과학으로 답을 찾아라!

"오, 해머던지기! 원반이 평면 도형의 원 같다고 한다면 해머는 입체 도형의 구와 같다고 할 수 있어."

정신이가 해머에서 수학을 발견하고 신나서 말했다.

평면 도형, 입체 도형이라는 말에 한계 삼촌이 들고 있던 해머를 던져 버렸다. 해머야, 수학을 깨 버려라!

"해머던지기는 마치 원 혹은 구를 던지는 것과 같아."

정신이가 날아가는 해머를 바라보며 말했다.

"아, 그래. 안 그래도 물어보고 싶었어. 아까부터 도대체 그게 무슨 소리야?"

"잘 봐. 그려 줄게."

정신이는 바닥에 구와 원을 그리고 그 중심과 반지름을 표시했다.

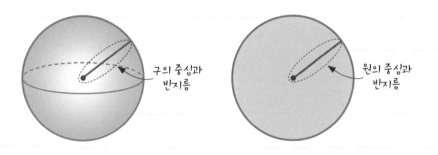

구의 중심과 반지름

원의 중심과 반지름

"해머던지기를 할 때 해머를 빙글빙글 돌리면 원이 돼. 그리고 손잡이 부근은 원의 중심이라고 할 수 있지."

"그렇구나. 그런데 정신이 너도 구의 부피를 구하는 방법까지는

3. 원반을 가장 멀리 날리는 방법

모르겠지?"

체력이의 질문에 정신이가 콧방귀를 뀌며 바로 대답했다.

"내가 모르는 게 어디 있어? 구의 부피는 $\frac{4}{3}\times$(원주율)$\times$(반지름)$^3$
이야."

"우와, 대단하다!"

이번에는 체력이가 해머던지기 속에 숨어 있는 과학의 원리를 들
려줄 차례다.

"해머를 던질 때도 과학이 작동하고 있는데, 들어 볼래?"

**원심력**

원이나 곡선상에서 움직이는 물체에 나타나는 관성력으로, 가속도 운동을 느
끼는 가상적인 힘이다. 원의 중심으로 나아가려는 힘인 구심력과 크기는 같
고 방향은 반대이다. 즉, 원의 중심과 반대 방향으로 작용한다. 원심력은 가속
도 운동을 하는 관측자에게만 느껴진다. 예를 들어, 자동차가 커브 길을 급회
전할 때 탑승객의 몸이 바깥쪽으로 쏠리는 것은 원심력 때문이다.

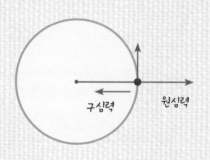

이기는 스포츠, 수학·과학으로 답을 찾아라!

"해머던지기와 과학?"

"그래. 해머던지기 선수들은 바로 원심력을 이용하지."

"원심력?"

**"일종의 회전력 운동인 해머던지기는 해머의 회전이 빠를수록 원심력이 커져 멀리 던질 수 있지."**

"오, 그렇구나."

"해머던지기는 해머를 회전하면서 가속을 붙여 나가야 하는데, 이때 몸을 뒤로 빼면서 돌려야 해. 그렇지 않으면 몸이 해머의 원심력에 끌려가게 되어 멀리 던질 수 없어."

"그렇구나. 아, 해머던지기는 던지는 각도도 중요해서 대략 40°에서 45°의 각도로 던져야 가장 멀리 간다고 하더라."

"아하, 그 각도가 공기 저항을 가장 적게 받는 각인가 보구나."

이때 어디선가 한계 삼촌이 창을 하나 들고 나타났다.

"얘들아, 나 좀 봐라. 어때, 창 들고 있는 모습이 멋지지?"

---

### 선분

선분은 양 끝점이 있으므로 길이를 잴 수 있다. 점 ㄱ과 점 ㄴ을 이은 선분을 '선분 ㄱㄴ' 또는 '선분 ㄴㄱ'이라고 한다.

ㄱ        ㄴ

---

**창던지기 연속 동작**

"크크크, 삼촌! 창을 보니까 수학에서 선분이 떠올라요."

수학 이야기가 시작될까 봐 한계 삼촌은 선분 같은 창을 휙 던지고 다시 사라졌다.

"그럼 우리 창던지기 경기장도 한번 살펴볼까?"

"창은 내각이 29°인 부채꼴 모양의 공간에 떨어져야 해."

이기는 스포츠, 수학·과학으로 답을 찾아라!

정신이가 창던지기 경기장을
가리키며 말했다.

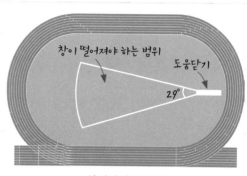

창던지기 경기장

"창던지기의 던지는 각도는
31°에서 33° 사이가 가장 효과
적이래."

체력이의 말에 정신이가 의
아해하며 물었다.

"뭐? 45°가 아니고?"

"여기서 과학이 등장하지. **창을 45° 각도로 던지면 공기 저항으로
창의 머리 부분이 들려서 위로 솟구쳐 버리게 돼.**"

"원반던지기와 마찬가지로 창던지기 역시 양력의 영향을 받는다
는 뜻이구나."

"그래서 선수들은 바람의 영향을 덜 받기 위해 창에 회전을 주면
서 던지지. 창던지기는 철저하게 과학적인 스포츠야."

체력이가 자신만만하게 말했다.

"자, 이제 진짜 입체 도형의 구를 던져 볼까?"

정신이가 질세라 수학 이야기로 대꾸했다.

"아까 해머던지기가 수학의 구 던지기가 아니었니?"

"진짜 수학의 구 던지기는 포환던지기야."

"진정한 스포츠맨은 포환던지기를 할 줄 알아야 하지."

**포환던지기 연속 동작**

갑자기 한계 삼촌이 끼어들었다.

"어, 삼촌! 포환 던지는 과정 좀 보여 주세요."

"하하하. 그래, 이 몸이 직접 보여 주지. 포환던지기는 한 손으로만 던져야 하고, 손이 목이나 턱 아래로 내려오거나 포환을 어깨선 뒤쪽으로 가져가서도 안 돼."

이기는 스포츠, 수학·과학으로 답을 찾아라!

한계 삼촌이 설명과 동시에 자세를 잡더니 포환을 던졌다.

"포환던지기는 수학에서 출발해. 지름 2.135m인 원 안에서 둥근 쇠공인 포환을 던지기 때문이지."

포환이 날아가는 쪽을 쳐다보며 정신이가 포환던지기에 숨은 수학 이야기를 시작했다.

"그러고 보니 그렇구나. 평면 도형인 원 안에서 손으로 만져지는 부피를 가진 구인 포환을 던지다니. 포환던지기는 수학의 결정체 운동이구나!"

체력이도 재미있어 하며 맞장구쳤다.

정신이와 체력이가 포환던지기 속 수학에 관해 이야기를 나누고 돌아보니 한계 삼촌은 사라지고 없었다.

**퀴즈 3** 원반던지기에서 원반을 45°로 던지지 않는 이유는?

3. 원반을 가장 멀리 날리는 방법

## 4 지구를 들어 올릴 수 있다고?

"으라차차차! 간다아!"

한계 삼촌이 무시무시한 무게의 역기를 들어 올렸다. 정신이와 체

### 아르키메데스(Archimedes)

고대 그리스의 수학자이며 물리학자다. 부력의 원리와 지렛대의 법칙을 발견한 것으로 유명하다. 부력은 물체를 액체 속에 넣을 때 그 물체를 중력에 의해 위로 밀어 올리는 힘이다. 지렛대의 법칙은 막대의 한 점을 받치고 한쪽에 힘을 주면 무거운 물체라도 쉽게 움직일 수 있다는 것이다.

이기는 스포츠, 수학·과학으로 답을 찾아라!

력이는 한계 삼촌을 따라 헬스장에 온 길이었다. 한계 삼촌은 마치 지구를 들어 올리는 듯했다. 지구에 발을 디디고 **무거운 물건을 들어 올리는 것, 이게 바로 지렛대의 원리다.** 아르키메데스는 지렛대와 받침점만 있으면 지구를 들어 올릴 수 있다고 했다.

　한계 삼촌의 괴력에 입을 다물지 못하고 쳐다보고 있던 체력이가 말했다.

　"삼촌, 대단해요. 꼭 ⭐삼손 같아요!"

　"삼손도 역도를 했어?"

　정신이가 물었다.

⭐ <u>삼손</u>
구약 성경에 나오는 이스라엘의 힘센 영웅이다.

4. 지구를 들어 올릴 수 있다고?

"그럼. 역도 경기는 구약 성경에 나오는 삼손이 작은 바위나 큰 통나무 들어올리기를 겨루었다는 옛이야기에서도 찾아볼 수 있어. 고대 올림픽 경기에서도 얼마나 무거운 것을 드는지를 두고 힘을 겨루는 경기가 있었다고 해."

체력이가 이를 악물고 버티는 삼촌에게서 시선을 떼며 대답했다.

"아하, 그렇구나. 그럼 내가 역기에 대해 설명해 줄게. 원반은 중량에 따라 색깔이 입혀 있는데 25kg은 적색, 20kg은 청색, 15kg은 노란색, 10kg은 초록색, 5kg은 흰색, 2.5kg은 검은색, 1.25kg과 0.5kg 그리고 0.25kg은 크롬색이야. 가장 큰 원판은 지름이 450mm야."

정신이가 숫자와 단위를 써서 야무지게 말했다.

"우아, 역도는 정밀한 숫자에 의해 이루어지는 운동이구나."

"맞아. 역기만 봐도 수학에서 '등식의 성질'이 떠오른다니까."

이기는 스포츠, 수학·과학으로 답을 찾아라!

## 등식의 성질

(1) 등식의 양변에 같은 수를 더하여도 등식은 성립한다.

　　$a=b$이면 $a+c=b+c$

(2) 등식의 양변에 같은 수를 빼어도 등식은 성립한다.

　　$a=b$이면 $a-c=b-c$

(3) 등식의 양변에 같은 수를 곱하여도 등식은 성립한다.

　　$a=b$이면 $ac=bc$

(4) 등식의 양변을 0이 아닌 같은 수로 나누어도 등식은 성립한다.

　　$a=b$이면 $\dfrac{a}{c}=\dfrac{b}{c}$ (단, $c\neq0$)

체력이와 정신이가 이야기를 나누는 사이 쿵! 하는 소리와 함께 땅이 울렸다. 지진이 난 것 같았다. 알고 보니 한계 삼촌이 '수학'이라는 말에 역기를 내동댕이치고 가 버린 것이었다.

"체력아, 그럼 우리 역기로 등식의 성질을 공부해 보자."

"역도 경기를 하자는 거야?"

"어렵지 않아. 힘이 좀 들어서 그렇지. 여기 연습용 역기가 있네."

"일단 체력이 네가 같은 무게의 원반을 두 개 가져와서 역기의 오른쪽과 왼쪽에 각각 한 개씩 끼워 봐."

체력이는 정신이가 시키는 대로 철제 원반을 각각 끼워 넣었다. 그러자 정신이가 말했다.

"이 역기는 지금 등식과 같아. 좌변과 우변의 무게가 같으니까 이 등식은 성립하지. 그럼 이제 이 역기를 한 번 들어 봐."

정신이가 시키는 대로 체력이가 역기를 들어 올렸다. 제법 무거 웠다. 하지만 정신이는 역기의 모양만 유심히 보고 있었다.

"잠깐, 체력아. 너 그거 아니? 원의 중심으로 직선이 통과하면 그 직선은 언제나 지름이 된다는 사실 말이야."

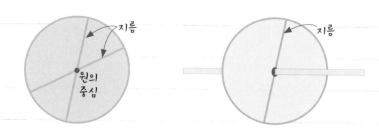

"으악, 더는 힘들어. 설명 다 했으면 내려놓을게."

"하하하, 미안해. 이제 등식의 성질 첫 번째, '**양변에 같은 수를 더 하여도 그 등식은 성립한다.**'를 확인해 보자. 자신 있지, 체력아?"

체력이가 살짝 두려운 표정을 지었지만, 정신이는 역기에 연습용 철제 원반을 하나씩 더 끼웠다.

"무거울 텐데……."

체력이의 걱정은 아랑곳하지 않고 정신이가 말했다.

"양쪽에 똑같이 원반을 꽂아야 등식의 성질을 확인할 수 있어. 수 학 공부를 하려면 어쩔 수가 없잖아."

"양쪽에 하나씩이면 저 무거운 철제 원반이 네 개잖아."

"그렇지. 이제 양변에 같은 양을 더할 때 등식이 성립하는지 확인해 보자."

체력이가 멍한 표정으로 쳐다보자 정신이가 말했다.

"뭐 해? 얼른 등식의 성질 두 번째를 확인해 봐야지."

"……."

"들어 올려 봐. 너는 할 수 있어! 힘을 내!"

체력이는 얼른 허리를 굽히고 자세를 잡았다.

"으라차차차!"

체력이가 땀을 흘리며 역기를 들어 올렸다.

"이야, 우리 체력이 힘이 장사구나! 고생했어."

하지만 정신이는 거기서 만족하지 않았다. 등식의 성질을 공부할 때는 반복이 중요하다며 철제 원반을 하나씩 더 늘리더니 등식의 첫 번째 성질, 즉 '양변에 같은 수를 더해도 그 등식은 성립한다.'를 증명하려고 했다. 체력이는 정신이가 다시 무거운 역기를 들어 올리라고 할까 봐 걱정했다. 하지만 체력이는 정신이와의 공부를 그만두지는 않았다. 이것이야말로 진정 살아 있는 수학 공부라는 생각이 들었기 때문이다. 이렇게 온몸으로 익히는 수학 공부를 또 어디서 할 수 있으랴!

다행히 정신이는 곧바로 다음 성질로 넘어갔다.

"이제 등식의 성질 두 번째를 공부해 보자. 바로 '**등식의 양변에 같은 수를 빼어도 등식은 성립한다.**'야."

정신이는 체력이에게 심봉의 양쪽에 있는 철제 원반을 하나씩 빼도록 했다.

"이제 들어 봐. 등식이 성립하는지 보자. 단, 인상으로!"

"인상을 찌푸리라고?"

정신이가 한심하다는 표정으로 체력이를 보고 있을 때 한계 삼촌이 다가왔다.

"이 몸이 직접 역도 경기 방식을 설명해 주마."

"어, 삼촌!"

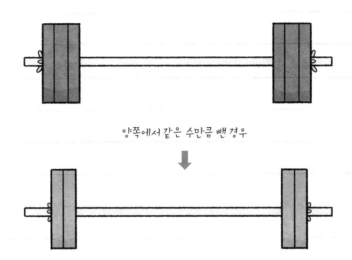

양쪽에서 같은 수만큼 뺀 경우

"역도의 경기 방법에는 인상과 용상이 있다."

한계 삼촌은 인상이라는 단어를 말할 때 인상을 썼고, 용상이라는 단어를 말할 땐 용을 쓰면서 말했다.

"인상 경기는, 역기가 선수 다리 앞에 수평으로 놓인 상태에서 역기의 심봉을 잡고 다리를 구부리면서 한 번에 머리 위까지 양팔이 쭉 펴지도록 들어 올려야 한다. 들어 올린 후에는 심판이 내려놓으라는 신호를 보낼 때까지는 부동자세를 유지해야 해."

"맞아. 인상은 용상보다 더 까다로운 종목이야. 연속된 빠른 동작으로 가능한 한 최대한 높게 역기를 들어 올려야 하거든."

정신이가 아는 체를 했다.

한계 삼촌은 이어서 용상에 대해서도 설명했다.

**인상의 연속 동작**

"용상은 제1 동작인 클린과 제2 동작인 저크로 이루어진다. 클린 동작에서는 역기를 잡고 한 번의 동작으로 바닥에서 어깨까지 끌어올려. 최종 자세 전에는 심봉이 가슴에 닿지 않아야 해."

이어 저크 동작에서는 양다리를 구부리고 양팔을 수직으로 뻗어 완전히 편 상태까지 역기를 가져오도록 양팔뿐만 아니라 양다리를

이기는 스포츠, 수학·과학으로 답을 찾아라!

용상의 연속 동작

펴야 해. 그리고 그때 양발을 동일 선상으로 복귀시키고 역기를 내려놓으라는 심판의 신호를 기다리면 되지."

한계 삼촌은 인상을 찌푸리거나 용을 쓰면서 설명하느라 힘들었는지 말을 마치자마자 자리를 떴다.

"나, 좀 급하다."

화장실로 달려가는 뒷모습이 조금 위태로워 보였다.

"한마디로 용상은 두 단계의 동작으로 역기를 들어 올리는 방법이야. 먼저 심봉을 들어 올려 어깨높이로 올리고, 그다음 다리 근육을 이용하여 재빠르게 심봉을 머리 위로 올리는 거지. 인상과의 차이를 이제 알겠지?"

정신이가 또 아는 체를 하며 말했다.

결국 인상으로 역기를 들라는 정신이의 말은 인상을 찌푸리라는 것이 아니라, 체력이에게 더 힘든 자세를 취하면서 역기를 들라는 것이었다.

"이리 나와 봐. 내가 할게."

체력이가 머뭇거리는 잠깐 사이, 한결 평온해진 얼굴로 한계 삼촌이 돌아왔다.

"으라차차차차!"

대단하다. 한계 삼촌이 역기를 바로 인상으로 들어 올렸다. 한 치의 흔들림도 없었다.

체력이와 정신이 모두 박수를 쳤다.

"한계 삼촌! 이제 등식의 성질 세 번째, 즉 '**양변에 같은 수를 곱하여도 그 등식은 성립한다.**'를 확인해 볼 차례예요."

정신이가 말했다.

"삼촌, 등식의 성질 세 번째는 좀 힘들 수 있어요."

이기는 스포츠, 수학·과학으로 답을 찾아라!

"뭐, 등식의 성질 세 번째? 가소롭다. 뭐든 빨리해 봐."

정신이와 체력이는 어깨를 으쓱하더니 원반이 두 개씩 끼워져 있는 역기를 쳐다보았다.

"얼마를 곱해 드릴까요?"

정신이의 물음에 한계 삼촌이 별생각 없이 답했다.

"9! 나는 숫자 9를 좋아해."

"헉, 9씩이나요? 아무리 삼촌이라도 그건 힘드실 텐데……."

정신이와 체력이는 하는 수 없이 한쪽에 2개씩 끼워져 있는 역기에 각각 9를 곱한 숫자, 즉 18개의 철제 원반을 동일하게 끼워 넣었다. 이제 역기 양쪽의 철제 원반을 모두 합한 개수는 무려 총 36개가 되었다.

"어, 삼촌! 어디 가세요?"

원반을 다 끼운 정신이와 체력이가 돌아보니, 한계 삼촌은 역기를 내팽개치고 금세 사라져 버렸다. 정신이와 체력이는 등식의 성질 세 번째가 지닌 위력을 실감했다.

"체력아, 그러면 여기서 양변에 나누기 6을 해서 역기를 들어 봐."

정신이의 말에 체력이는 찌푸리고 있던 인상을 폈다.

"절대 가볍지는 않지만 그래도 들 수는 있어."

낑낑거리는 체력이의 얼굴이 붉으락푸르락하였다.

"이게 등식의 성질 네 번째, '양변을 0이 아닌 같은 수로 나누어도 그 등식은 성립한다.'야."

"나는 등식의 성질 네 번째가 제일 마음에 드는데?"

정신이와 체력이가 마주 보고 웃었다.

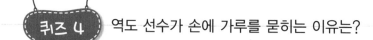

**퀴즈 4** 역도 선수가 손에 가루를 묻히는 이유는?

이기는 스포츠, 수학·과학으로 답을 찾아라!

## 5 직선보다 빠른 곡선의 비밀

체력이와 정신이는 사이클 경기장에 처음 와 보았다.

"우아, 자전거 엄청 빠르다. 저 정도면 총알 같은 속도겠는데?"

정신이가 감탄하며 말했다.

"정신아, 너 총알 날아가는 거 본 적 없잖아?"

체력이가 괜한 딴죽을 걸자 정신이가 눈총을 쏘았다.

눈총을 맞은 체력이가 얼른 화제를 돌리며 물었다.

"사이클 경기장이 왜 안으로

5. 직선보다 빠른 곡선의 비밀

푹 꺼져 있는지 아니?"

"어? 그러게? 왜 그런 거야?"

"모든 건 원심력 때문이야. 사이클 경기장은 자전거가 트랙을 돌 때의 힘을 고려해서 설계한대. 대개 사이클과 같이 고속으로 움직이는 물체들은 코너를 돌 때 원심력이 작용해 바깥으로 튕겨 나가려고 하거든. 그래서 사이클 경기장의 일부 구간은 바깥쪽이 높고 안쪽이 낮게끔 경사지게 설계한 거지."

체력이의 친절한 설명을 들으며 정신이는 체력이, 한계 삼촌과 함께 자전거를 타러 들판으로 나갔다. 한적한 곳에서 자전거를 내달리자 싱그러운 풀 냄새가 바람결에 실려 왔다.

그때 갑자기, 매 한 마리가 무언가를 잡으려고 땅으로 쏜살같이 내려왔다. 제법 거리가 있어 잘 보이지 않았지만, 뭔가 잡기는 잡은 듯했다.

이기는 스포츠, 수학·과학으로 답을 찾아라!

"체력아, 저거 봤니?"

정신이는 여전히 매가 날아간 하늘에서 눈을 떼지 못하고 있었다.

"아니, 자세히 보지는 못했어. 토끼를 잡은 게 아닐까?"

"그거 말고. 매가 하강할 때 그렸던 곡선 말이야."

"하강 곡선?"

"그래. 매는 직선으로 내려오지 않았어. 분명 곡선을 그리며 내려왔다고."

"곡선? 빠르게 내려오려면 직선이 나을 텐데…… 왜 곡선이지?"

"너, 사이클로이드 곡선이라고 들어 봤어?"

"사이클로이드 곡선?"

"그래. **직선보다 더 빠른 사이클로이드 곡선.**"

"뭐? 곡선이 직선보다 더 빠르다고? 그게 말이 돼? 직선이 두 점 사이의 가장 짧은 거리라는 건 상식이라고."

"좋아. 그럼 수학 실험을 하나 해 보자."

"수학 실험?"

---

**사이클로이드 곡선**

적당한 반지름을 갖는 원 위에 한 점을 찍고, 그 원을 한 직선 위에서 굴렸을 때 그 점이 그리며 나아가는 곡선이다.

한계 삼촌은 수학 실험이라는 말에, 사이클로이드 곡선보다 더 빠르게 초원을 향해 자전거 페달을 밟았다.

"사이클로이드 곡선과 관련된 수학 실험은 실제로 17세기에 있었던 것이기도 해. 위에서 아래로 향하는 두 지점 사이에서 어떤 경로를 따라 내려가는 것이 가장 빨리 내려갈 수 있는지를 찾는 문제였어. 흔히 생각하면 직선 경로가 최단 거리이기 때문에 가장 빠를 것 같지만 실상은 사이클로이드 곡선을 따라 내려가는 것이 가장 빨라."

"그 이유가 뭔데?"

"사이클로이드 곡선 위에서는 각 지점에서 중력 가속도가 줄어드는 정도가 직선보다 작아. 그렇기 때문에 가속도에 의해 속도가 점점 빨라져서 도착 지점까지의 시간이 직선이나 다른 어떤 궤적보다 빠르게 되는 거야."

정신이가 말했다.

"아, 그럼 미끄럼틀도 직선 형태보다 사이클로이드 곡선 형태로 만들면 좋겠다. 그러면 좀 더 빨리 내려올 수 있으니까 더 큰 긴장감을 맛볼

이기는 스포츠, 수학·과학으로 답을 찾아라!

수 있잖아?"

"그렇지. 그림에서 보면 A 지점에서 동시에 출발한 공 두 개 중에서, 곡선 위로 내려간 공이 직선 위로 지나간 공보다 더 먼 거리를 이동하는데도 B 지점에 먼저 도착하게 되는 거지."

"그래서 사이클로이드 곡선으로 최단 거리를 찾는 거구나."

"이 문제를 처음으로 풀어낸 것은 베르누이 형제였다고 해. 이후 뉴턴과 라이프니츠 그리고 로피탈이 풀이에 성공했는데, 놀랍게도 뉴턴은 이 문제를 하루 만에 풀었대."

"역시 뉴턴은 천재가 확실해. 그리고 역시 정신이는 수학에 관해서는 모르는 게 없고 말이야."

체력이가 정신이를 치켜세우며 말했다.

체력이는 새삼 자신도 정신이에게 멋있는 모습을 보여 주고 싶다는 생각이 들었다.

"정신아, 이번엔 내가 자전거를 통해 원과 지름에 관해 이야기해 볼게. 나는 자전거의 바퀴와 바큇살을 보면 원과 지름의 관계가 생각나."

"아, 원의 중심을 지나는 지름은 무수히 많다는 이야기를 하려고 하는 거지?"

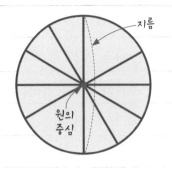

지름

원의
중심

"이야, 역시 수학 박사 정신이는 못 당하겠네. 하하하."

체력이는 멋쩍게 웃었다.

"아냐. 나도 예전에 '**원의 중심을 지나는 직선은 무수히 많다.**'라는 명제의 참·거짓을 판별하는 문제를 틀린 적이 있어서 기억하는 거야."

정신이가 웬일로 겸손해하며 말했다.

"아, 그런데 자전거 바큇살의 움직임 속에 아까 말한 사이클로이드 곡선이 숨어 있는 것 아니?"

정신이가 물었다.

체력이가 궁금해하는 표정을 짓자, 정신이는 자전거 바큇살을 이용한 실험을 시작했다.

정신이는 자전거 바큇살의 한 귀퉁이에 야광등을 붙였다. 자전거

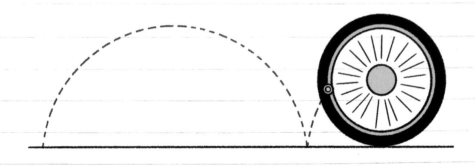

이기는 스포츠, 수학·과학으로 답을 찾아라!

를 타고 달리자 야광등을 따라 곡선의 움직임이 보였다.

"저게 바로 사이클로이드 곡선이야."

바퀴가 회전하며 직선 위를 구를 때 바퀴 위의 한 점이 그리는 자취는 사이클로이드 곡선을 만든다.

재미있어 보였는지 한계 삼촌이 돌아왔다. 한계 삼촌은 냉큼 야광등이 달린 자전거로 바꿔 타고 주변에 온통 야광 사이클로이드 곡선을 만들며 멀어져 갔다. 역시 이름처럼 체력만큼은 한계가 없는 삼촌이다.

5. 직선보다 빠른 곡선의 비밀

그 모습을 보고 있던 체력이는 기와의 곡선을 떠올렸다.

"우리 조상님들이 만드신 기와를 보면 사이클로이드 곡선처럼 우묵한 모양이야. 이게 빗물이 기와에 스며들어 목조 건물이 썩는 것을 막기 위해서 만들어졌다고 보는 학자들도 있거든. 내 생각에도 기와의 곡선이 사이클로이드 곡선에 가깝게 만들어진 것은 단지 우연이라고 보기는 힘들 것 같아."

"정말 그러네. 우리 조상님들은 정말 지혜롭다니까."

셀레리페르

드라이지네

"너희들, 자전거의 조상에 대해서는 좀 아니?"

마침 한계 삼촌이 돌아와 자전거의 역사를 들려주었다.

"최초의 자전거는 프랑스에서 만들어졌는데, 나무 바퀴 두 개를 연결하고 그 위에 올라타서 두 발로 땅을 박차고 달리도록 설계한 목마였다. '셀레리페르'라는 이 자전거의 이름은 '빨리 달리는 기계'라는 뜻이지."

"어? 최초의 자전거에서 원과 직선이 보인다!"

이기는 스포츠, 수학·과학으로 답을 찾아라!

"쉿! 역사 시간에 수학은 금물!"

한계 삼촌은 정신이에게 주의를 주고 다시 목청을 가다듬었다.

"이후 19세기 초 독일의 드라이스 남작은 목마에 핸들을 장착하여 '드라이지네'를 만들었다."

"어, 그럼 이제 다 된 거죠? 자전거에 핸들 말고 또 뭐가 필요하지?"

"하하하. 체력이 녀석, 삼촌 따라오려면 멀었구나. 자전거의 역사에서 가장 중요한 발명은 바로 페달을 부착한 거야. '벨로시페드'라는 자전거가 만들어졌을 때 비로소 자전거는 '스스로 굴러가는 기계'가 된 것이란다."

"와! 삼촌, 대단해요! **페달은 직선 운동을 회전 운동으로 바꾸는 장치거든요.**"

체력이의 과학 이야기에 한계 삼촌은 또다시 어디론가 사라져 버렸다. 과학도 싫은 모양이다.

"체력아, 자전거 페달에 연결되어 있는 톱니바퀴를 보면 뭐 생각나는 것 없니?"

벨로시페드

골똘히 생각에 잠겨 있던 정신이가 물었다.

"음, 글쎄? 너와 나는 톱니바퀴처럼 딱 들어맞게 잘 어울리는 짝꿍이라는 거?"

"크크, 고마운 말이지만 톱니바퀴를 보면 나는 최소 공배수를 활용한 톱니바퀴 문제가 생각나."

"아, 나도 그 문제 알아. 지난 시험에서 틀렸거든."

"좋아, 그럼 같이 한번 풀어 볼까?"

---

**톱니바퀴 문제**

톱니의 수가 각각 28개, 35개인 두 톱니바퀴 A, B가 서로 맞물려 있다. 두 톱니바퀴가 회전하기 시작하여 처음으로 맞물렸던 톱니에서 다시 맞물리는 것은 A가 몇 바퀴 회전한 다음이겠는가?

---

"처음으로 맞물렸던 톱니에서 다시 맞물리는 건 28과 35의 최소 공배수만큼 돌아간 다음이야. 말하자면 28과 35의 최소 공배수가

이기는 스포트, 수학·과학으로 답을 찾아라!

7×4×5 = 140이니까 두 톱니바퀴가 처음으로 다시 같은 톱니에서 맞물리는 것은 140÷28 = 5에 따라 A가 5바퀴 회전한 다음이라고 할 수 있지.”

“이야, 잘 푸네. 근데 왜 틀렸던 거니?”

“최소 공배수가 아니라 최대 공약수를 구해 버렸거든.”

“맞물려 돌아간다는 개념은 언제나 배수 개념이야. 그래서 최소 공배수로 구해야 해.”

“응, 알아. 그래서 내가 오답 노트에 철저히 기록해 뒀지.”

그렇다. 수학은 자주 틀리는 문제를 중심으로 반드시 오답 노트에 기록해 두는 습관을 길러야 한다.

이번에는 체력이가 자전거에서 과학 이야기를 들려줄 차례라서 정신이와 체력이는 공기 저항을 배울 겸 ⊛로드 바이크를 타기로 했다.

★ 로드 바이크
도로에서 빠른 속력을 낼 수 있도록 제작된 자전거. 타이어의 폭을 좁혀 지면과의 마찰을 줄여서 빠른 속력을 낼 수 있다.

“자연 속에서 로드 바이크를 타면 공기 저항을 느끼게 되지. 하지만 우리는 페달을 밟아 앞으로 나가는 힘을 가지고 있어. 그래서 멈추지 않고 앞으로 나아갈 수 있는 거야.”

체력이가 말했다.

‘공기 저항은 속도의 제곱에 비례한다. 또 필요한 힘은 속도의 세제곱에 비례한다.’

체력이가 조금 어려운 과학 내용을 떠올려 보고 있을 때 마침 바람이 오른쪽에서 비스듬히 불어왔다.

체력이는 지금이 과학의 맛을 보여 줄 때라고 생각했다.

"정신아, 내 대각선 뒤쪽에서 달려 봐."

체력이가 앞질러 나가며 말했다. 정신이는 로드 바이크를 체력이가 말한 쪽으로 몰면서 체력이의 뒤를 쫓았다.

"어, 한결 달리기가 편해졌네?"

"그래. 이게 바로 과학의 힘, 공기 저항의 극복이야."

이때, 바람이 좀 더 심하게 불어왔다.

이기는 스포츠, 수학·과학으로 답을 찾아라!

"체력아, 바람이 세지니까 더 달리기가 힘들다."

"정신아, 나처럼 **웅크린 자세를 잡아 봐. 도움이 될 거야. 공기 저항에서 가장 큰 비중은 사람의 저항이야.** 전체 공기 저항의 70~80%라고 하니까 무척 크지."

"아, 그래서 몸을 숙이고 웅크리면 더 잘 달릴 수 있는 거구나."

체력이와 정신이는 자연의 공기 저항을 느끼며, 하지만 한껏 자유로운 기분으로 로드 바이크를 탔다.

이때, 뒤에서 시커먼 그림자 하나가 맹렬히 추격해 왔다!

한계 삼촌이구나. 과학이 끝났다는 것을 직감으로 알았나 보다.

**퀴즈 5** 달리는 자전거가 쓰러지지 않는 이유는?

5. 직선보다 빠른 곡선의 비밀

## 6  눈 위에서 배우는 마찰력

"우와, 눈밭이다!"

오랜만에 스키장에 온 정신이와 체력이는 가슴이 시원해지는 풍광에 감탄했다.

"나를 두고 너희만 스키 타러 왔냐!"

갑자기 한계 삼촌이 불쑥 나타났다.

"스키에 숨은 수학과 과학을 찾으려고 온 건데요?"

그 말에 삼촌은 스키를 타고 눈 위를 스윽 미끄러져 내려갔다.

정신이와 체력이가 발을 고정하려고 스키를 바닥에 내려놓았을 때 스키는 평행선을 이루고 있었다.

"체력아, 너 삼각자 두 개를 이용해서 평행선 그리는 방법 아니?"

"그럼! 내가 말해 볼게. 학교에서 배웠어. 먼저, 삼각자 두 개를 준비해서 하나를 고정하고, 나머지 하나의 삼각자를 위나 아래로 움직여서 직선 두 개를 그으면 돼. 짜잔, 평행선이다!"

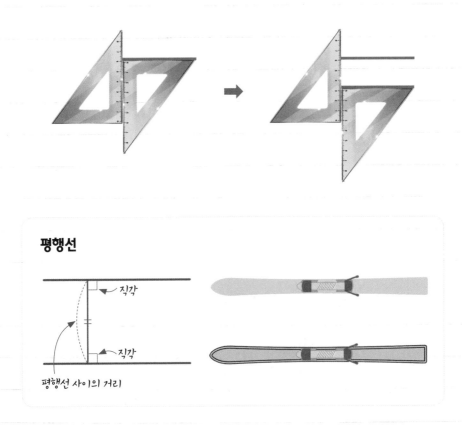

스키장에 오자마자 평행선을 발견한 정신이와 체력이는 무척 뿌듯해졌다. 그들은 눈 위에서 균형을 잡으며 앞으로 나아가는 연습부터 했다.

6. 눈 위에서 배우는 마탈력

기다란 막대 모양의 폴을 눈 위에 찍을 때마다 수직과 같은 각을 만들 수 있었다.

어느새 저 먼 언덕 위에서부터 스키를 타고 삼촌이 내려왔다.

"스키 안 타고 뭐 하냐?"

"네, 이제 탈 거예요. 폴로 찍으면서 스키를 미끄러지게 하는 연습부터 하는 중이에요."

"그게 뭐가 중요한데? 너희들 이미 스키를 타는 법은 다 알고 있잖아."

한계 삼촌이 의아해하며 물었다.

이기는 스포츠, 수학·과학으로 답을 찾아라!

"아, 사실 이 훈련을 하면 **수학에서 평행선과 직선이 만났을 때**를 공부할 수 있어요."

"뭐? 어떻게?"

"보세요, 스키 한 세트와 폴 하나가 나타내는 모습이에요."

정신이가 하얀 눈밭에 폴로 그림을 그렸다.

"이게 뭔데? 난 잘 모르겠는데?"

한계 삼촌이 여전히 아리송하다는 표정으로 물었다.

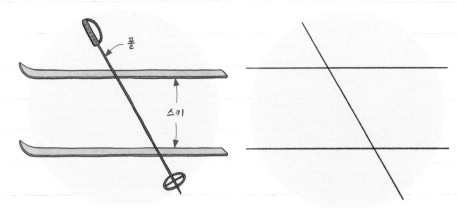

**평행선과 직선이 만났을 때**

"평행선과 직선이 만났을 때, 동위각과 엇각을 나타낼 수 있다는 걸 그려 보려고요."

정신이가 말을 마치고 돌아보니 한계 삼촌은 벌써 스키를 타고 저만치 내려가고 없었다.

정신이가 하얀 눈밭에 다시 선을 그리며 설명을 시작했다.

"평행선과 한 직선이 만나면 여러 각이 생기는데, 이 그림처럼 위치한 각을 동위각이라고 부르지."

**"동위각은 같은 위치에 있는 각이구나."**

"평행선과 다른 한 직선이 만나서 생기는 동위각의 크기는 서로 같아."

"아, 그럼 엇각이라는 건 뭐지?"

이기는 스포츠, 수학·과학으로 답을 찾아라!

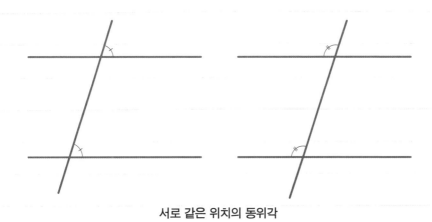

**서로 같은 위치의 동위각**

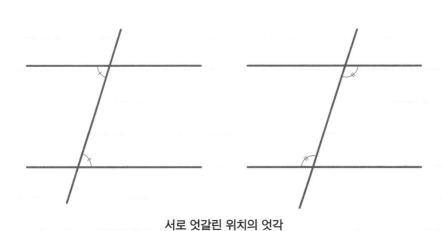

**서로 엇갈린 위치의 엇각**

체력이가 물었다.

"서로 **엇갈린 위치에 있는 각**이 **엇각**이야."

"흠, 평행선과 다른 한 직선이 만나서 생기는 엇각의 크기 역시

서로 같구나."

"체력아, 이제 네 차례야. 스키에 얽힌 과학 이야기를 들려줘."

정신이의 말에 체력이는 잠시 생각을 정리하더니 설명 대신 질문 하나를 던졌다.

"우선 첫 번째, 스키가 길쭉한 이유는?"

"응, 나도 그게 궁금했어."

**"힘을 분산시켜서 바닥에 넘어지지 않도록 하기 위해서야."**

"아, 그렇구나. 그럼, 두 번째 문제는?"

"스키를 눈 위에서 타는 이유는?"

"글쎄, 너무 당연한 거라 생각도 안 해 봤네."

**"눈을 활용하여 마찰을 줄이려고.** 하지만 눈 자체에도 마찰은 있어. 사실 정확히 말하면 스키는 눈과의 마찰열을 이용하는 운동이야. 스키가 눈 위에서 미끄러지면 마찰열이 생기고, 마찰열이 눈을 녹여서 물이 되면 아주 잘 미끄러지는 거지."

이때, 한계 삼촌이 나타났다.

"너희들, 스키는 입이 아닌 발로 타는 거다! 어서 함께 바람을 쉭 쉭 가르며 타자!"

삼촌의 말에 셋은 신나게 스키를 타고 집으로 돌아왔다.

"아, 정신아. 꼭 스키장이 아니어도 스피드를 즐길 수 있는 운동이 있어."

"오, 그게 뭔데?"

이기는 스포츠, 수학·과학으로 답을 찾아라!

"스케이트보딩이지."

집에 돌아온 정신이와 체력이는 지친 기색도 없이 스케이트보딩을 즐길 수 있는 넓은 장소로 옮겨 갔다.

"정신아, 스케이트보딩에는 다양한 물리 현상이 적용되는 거 아니?"

"뭐, 또 물리학이냐? 아주 물린다, 물려."

어떻게 알고 따라왔는지 한계 삼촌이 툴툴대면서 보드를 타고 아주 멀리 달려가 버렸다.

"스케이트보딩에는 알리라는 기술이 있어."

"알리? 얼른 가르쳐 줘. 난 스포츠라면 뭐든 빨리 배우니까."

체력이는 누구보다 스포츠를 잘하고 즐기는 정신이에게 스케이트보딩에 대해 설명할 수 있어서 너무 기뻤다.

체력이는 알리 동작을 보여 주려고 자세를 잡았다. 먼저 스케이트

**스케이트보드**

1950년대 파도타기를 즐기던 서퍼들은 서프보드에 바퀴를 달아 땅에서 타고 다니기도 했다. 거기서 유래된 것이 스케이트보딩이다.

보드의 뒷부분, 흔히 테일이고 부르는 곳을 발로 밟았다. 그 힘으로 보드를 밀어 올렸다.

"이 기술에는 **뉴턴의 운동 제3법칙, '모든 작용에는 그것과 크기는 같고 방향은 정반대인 반작용이 따른다.'**가 숨어 있어."

이 기술은 스케이트보딩을 하는 친구들이 공중으로 솟아오르기 위해 쓴다.

**알리 동작**

이기는 스포트, 수학·과학으로 답을 찾아라!

과학 이야기에 신이 난 체력이는 스케이트보딩 기술에 관한 과학 원리를 좀 더 들려주었다.

"**마찰력을 이용하여 스케이트보드를 멈추게 하는 풋 브레이크**는 앞발에 무게 중심을 두고 뒷발을 부드럽게 당긴 다음, 땅바닥에 닿게 해야 해. 그러면 신발과 땅바닥 사이에 마찰력이 생겨서 스케이트보드를 멈출 수 있어."

정신이가 따라 해 보더니 스케이트보드를 한 번에 멈췄다.

"앞으로 나갈 때에는 한 발을 스케이트보드에 올리고 다른 발을 나란히 둬서 몸이 쏠리지 않도록 만들어. 그런 다음 양쪽 무릎을 살짝 굽히고 다른 발로 땅을 차. 그럼 **땅바닥을 차고 미는 힘에서 생기는 작용 반작용의 원리**로 앞으로 나갈 수 있지. 땅바닥을 밀어 주는 힘이 세면 그 반작용으로 속도가 더 빨라져."

이번에도 정신이는 단번에 성공했다. 이때 한계 삼촌이 스케이트보드를 타고 정신이 쪽으로 방향을 바꾸면서 다가왔다.

"정신아, 삼촌을 잘 봐. 방향 바꾸는 기술이 역시 예술이야."

체력이의 칭찬에 우쭐해진 한계 삼촌은 스케이트보딩에서 방향을 바꾸는 기술을 현란하게 선보였다. 몸을 원하는 쪽으로 부드럽게 기울이는 '카빙 턴'과 스케이트보드의 앞부분을 들어 원하는 방향으로 바꾸는 '킥 턴'이었다. 그러다가 한계 삼촌은 크게 휘청거렸다. 정신이와 체력이는 웃음이 나왔지만 꾹 참았다.

105

"방향을 바꿀 때는 원심력의 원리를 잘 이용해야 해. 속도가 빠르면 원심력으로 인해 바깥쪽으로 밀려 나갈 수 있어. 회전하는 안쪽으로 몸을 기울여야 구심력이 생겨 넘어지지 않지."

체력이는 정신이가 넘어지지 않도록 주의를 주었다.

셋은 해가 질 때까지 즐겁게 스케이트보드를 탔다.

 퀴즈 6  스키를 길쭉하게 만든 이유는?

이기는 스포츠, 수학·과학으로 답을 찾아라!

## 7  체력이가 쏘아 올린 포물선

"아야, 어떤 놈이야!"

"어이쿠! 한계 삼촌, 죄송해요."

정신이와 체력이가 농구공을 패스하다가 한계 삼촌의 머리를 맞혔다. 오늘은 농구 경기장에서 아르바이트를 하나 보다.

"아하, 너희들 농구 시합을 하는구나. 나도 같이하자!"

역시 한계 삼촌은 아픔도 빨리 잊을 만큼 체력에 한계가 없다.

"좋아요, 삼촌. 안 그래도 같이 농구 시합을 하면서 농구에 숨은 수학과 과학 이야기를 해 보려던 참이에요."

"가즈아!"

정신이의 대답에 한계 삼촌은 힘찬 기합을 넣으며 농구공을 체력이에게 던져 주고는 어디론가 사라졌다.

체력이가 농구공을 주워 와 골대로 쏘아 올렸다.

쑤우욱, 철썩!

"우와, 정말 예쁜 포물선이다."

정신이가 체력이의 슛을 보며 말했다.

"포물선?"

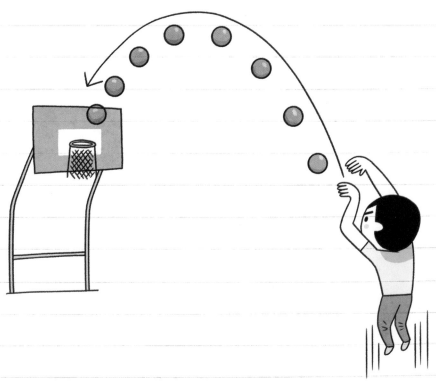

**농구공이 날아가며 그린 포물선**

이기는 스포츠, 수학·과학으로 답을 찾아라!

"응, 중학생이 되면 배우게 될 거야. 네가 방금 쏘아 올린 공이 골대를 향해 날아가면서 생기는 곡선은 ★포물선이라 할 수 있어. 수학적 표현으로는 이차 함수라고도 해."

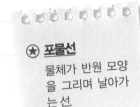

★ 포물선
물체가 반원 모양을 그리며 날아가는 선

"이차 함수?"

"그래. 지난번에 네가 세단뛰기를 했을 때 내가 말한 적 있지. 오늘 더 자세히 공부해 보자. 그 전에 그 아름다운 곡선을 한 번 더 만들어 봐."

체력이는 정신이의 말을 알아듣고 다시 공을 던졌다.

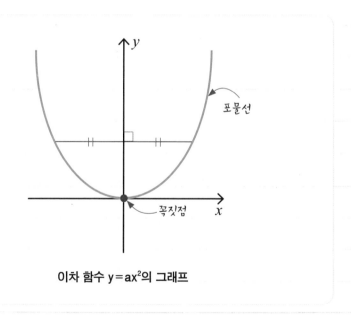

이차 함수 $y=ax^2$의 그래프

"이차 함수의 뜻부터 알아보자고. 함수 $y=f(x)$에서 $f(x)$가 $x$에 관한 이차식 $y=ax^2+bx+c$ ($a$, $b$, $c$는 상수, $a≠0$)로 나타낼 때, $y$를 $x$에 관한 이차 함수라고 해."

"좀 어려운데?"

"이차 함수의 그래프를 보면 너도 느낌이 팍 올걸?"

"아, 이 그래프 모습을 보고 내가 던진 농구공의 곡선이 포물선 모양으로 아름답다고 말한 거구나."

"그렇지. 네가 던진 공이 날아가던 모습이 바로 포물선 모양이지."

"하지만 공이 움직인 모습은 이 그래프와는 반대인데."

"크크, 역시 예리한데? 기다려 봐. 이차 함수 $y=ax^2$의 그래프를 그려 보면 알게 돼."

"음, $x^2$ 앞에 있는 $a$가 어떤 역할을 한다는 거니?"

"오, 체력이가 그래도 수학에 대한 감이 좀 있구나."

"일단 내가 표로 정리한 내용을 읽어 봐."

"아, 이런 이유로 공이 이동한 곡선을 포물선이라고 했구나. 이제 좀 알 것 같아."

"포물선인 이차 함수는 크게 두 가지 모습으로 나뉘지. $a$가 0보다 큰 수인 양수일 때와 0보다 작은 수인 음수일 때의 모습이 달라. 방금 공의 움직임은 $a$가 음수일 때 모습이야."

"아, 이제 나도 슛을 할 때마다 이차 함수를 떠올리면 되겠다. 하

이기는 스포츠, 수학·과학으로 답을 찾아라!

## y=ax²(a≠0)의 그래프

| 꼭짓점의 좌표 | 원점 (0, 0) | |
|---|---|---|
| 축의 방정식 | x = 0(y축) | |
| 그래프의 모양 | ·a>0이면 아래로 볼록한 포물선<br>·a<0이면 위로 볼록한 포물선<br><br>a의 부호에 따라 결정 | |
| 그래프의 폭 | ·a의 절댓값이 클수록 폭이 좁아진다.<br>·a의 절댓값이 작을수록 폭이 넓어진다.<br><br>a의 절댓값의 크기에 따라 결정 | |
| y의 값의 범위 | ·a>0이면 y≥0<br>·a<0이면 y≤0 | |

절댓값이란 실수에서 양 또는 음의 부호를 떼어 버린 수이다.

지만 농구에는 숫만 있는 게 아니야."

"또 뭐가 있을까? 수학이나 과학에 연관이 있는 것이……."

"정신이 네가 한 말에서 살짝 힌트를 얻은 것이 있는데."

"오, 그게 뭔데?"

"저번에 네가 구면 삼각형에 대해 이야기했잖아."

"했지. 구면 삼각형의 내각의 합은 일반 삼각형의 합인 180°보다

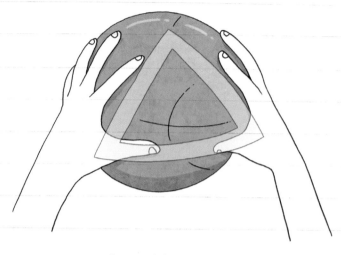

**농구공 위의 구면 삼각형**

더 크지."

"그래, 바로 그 구면 삼각형이 농구공을 쥘 때 응용돼."

"우아, 체력이는 응용력이 좋아."

"아냐, 다 네 덕분이야."

이때 한계 삼촌이 신나게 드리블하다가 슛을 했다. 농구장이 마룻 바닥 같아서 운동화가 움직일 때마다 삑삑 하는 소리가 경쾌했다. 하지만 골은 들어가지 않았다.

정신이는 농구 경기장에 그려진 도형들을 찾아보았다.

농구장은 큰 직사각형 테두리에 반원과 원 그리고 양쪽 진영에 있는 사다리꼴 두 개로 이루어져 있었다. 정신이는 농구장 역시 수

이기는 스포츠, 수학·과학으로 답을 찾아라!

학 도형들이 숨어 있는 곳임을 깨달았다.

"정말 스포츠와 수학은 뗄 수 없는 관계구나."

"이제 농구에 숨어 있는 과학에 관해 이야기해 볼게."

체력이가 농구에 관한 과학 이야기를 하려고 하자, 얼굴이 벌게진 한계 삼촌이 드리블하며 사라졌다.

"이 농구공에도 과학이 들어 있어."

체력이가 농구공을 들고 말했다.

"뭐? 농구공이 과학을 한다고?"

"아니, 농구공에는 탄성이라는 과학이 작용한다고."

"탄성?"

**농구 경기장**

### 탄성

물체가 외부로부터 힘을 받았을 때 탄력을 나타내는 성질. 외부로부터 가해진 힘이 물체를 변형시킬 때, 물체가 가진 탄성의 한계 내에서는 외부의 힘과 변형은 비례하지만, 그 힘이 그 물체가 가진 탄성의 한계 이상이면, 물체가 파괴되어 본래의 모양으로 되돌아가지 못하게 된다.

113

체력이가 직접 보여 주겠다는 듯 농구공에 손의 힘을 전달하여 바닥에 바운드시켰다. **이때 받은 충격으로 볼은 바운드되어서 다시 위로 튕겨 올라왔다.**

"아, 저게 바로 탄성이구나."

"또 있어. 원심력!"

"원심력?"

"드리블하며 이동할 때에는 방향 전환과 같은 동작이 있어. 이때 공은 **회전하면서 손안에 머물게 돼. 이때 원심력이 생겨.**"

체력이가 계속 농구에 관한 과학을 이야기 했다.

**★관성** 정지한 물체는 정지해 있으려고 하고, 움직이는 물체는 계속 움직이려고 하는 성질.

"★관성도 찾을 수 있어. **드리블할 때 바운드되어 올라온 공은 지면에서 받은 탄성으로 인하여 계속 위로 움직이려는 힘을 가져.** 그 힘을 이용해서 마치 공이 손에 달라붙어 있는 것처럼 보이게 할 수도 있지."

"이야, 농구는 스포츠가 아니라 과학이구나."

정신이가 체력이의 설명을 듣고 감탄했다.

"농구에서 또 다른 수학을 발견할 수는 없을까?"

이번에는 체력이가 물었다.

"왜 없겠니? 당연히 있지."

정신이가 말했다.

"농구에는 배수 법칙이 있어."

"배수 법칙이면 2의 배수, 3의 배수라고 할 때 그 배수?"

"맞아, 그런 배수."

"근데 그런 배수가 어디 있지?"

"호호호, 골인되었을 때 득점 카운터."

"아, 2점 슛, 3점 슛 하는 거?"

"그래, 2점 슛은 2점씩 늘어나고 3점 슛은 3점씩 늘어나지. 그게
바로 수학의 배수야."

"아, 배수."

"이왕 이렇게 배수라는 말이 나온 김에 **수학의 배수 판정법**을 배워보자."

정신이는 배수 판정법에 대해 정리해 주었다.

---

**배수 판정법**

2의 배수(짝수): 일의 자리가 짝수인 경우

3의 배수: 각 자리 숫자의 합이 3의 배수인 경우

4의 배수: 끝 두 자리가 00이거나 4의 배수인 경우

5의 배수: 일의 자리가 0이거나 5의 배수인 경우

8의 배수: 끝 세 자리가 000이거나 8의 배수인 경우

9의 배수: 각 자리 숫자의 합이 9의 배수인 경우

11의 배수: 홀수 자리의 합과 짝수 자리의 합의 차가 11의 배수인 경우

7의 배수: 뒤에서부터 세 자리씩 끊어서 더하고 뺀 수가 0이거나 7의 배수인 경우

---

"체력아, 우리 배수 판정법을 사용해 한 문제만 풀어 볼까?"

정신이가 말했다.

"응. 근데, 너무 어려운 거 말고."

"3091이 11의 배수인지 아닌지를 배수 판정법에 따라 알아보자. 단, 11로 직접 나누지 말고!"

"헉!"

"하하하, 배수 판정법에 따라 풀이하면 짝수 번째 자리의 숫자 합과 홀수 번째 자리 숫자의 합을 구해 서로 빼면 되지. $3+9=12$, $0+1=1$, 그리고 나서 그 두 수를 빼면 $12-1=11$로, 11의 배수가 돼. 그래서 3091은 11의 배수가 되는 거야."

그때 또다시 한계 삼촌의 덩크슛이 빛나갔다. 갑자기 한계 삼촌이 버럭 외쳤다.

"아무래도 ★배수의 진을 칠 때가 되었군. 승부는 지금부터다!"

★ 배수의 진
어떤 일을 성취하기 위해 더는 물러설 수 없음을 비유적으로 이르는 말.

퀴즈 7   농구공 표면이 울퉁불퉁한 이유는?

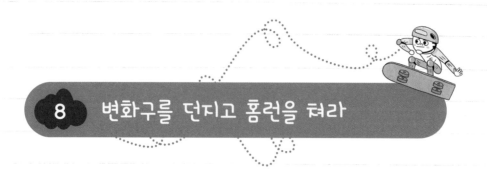

정신이와 체력이 그리고 한계 삼촌은 야구 경기를 보러 왔다. 사람들의 함성에 가슴이 절로 시원해졌다. 한 가지 슬픈 일은 응원하는 팀이 지고 있다는 사실이다. 그래도 야구장은 언제나 신이 나는 장소다.

"저 선수는 타율이 3할 4푼 5리래."

정신이가 타석에 들어선 선수를 가리키며 말했다.

"오리 말이냐?"

한계 삼촌이 손으로 오리 주둥이를 만들어 보이며 웃었다. 갑자기 썰렁해진 분위기에 삼촌은 치킨이 먹고 싶다며 자리를 피했다.

"아 참! 우리 할푼리에 대해 얘기하고 있었지?"

## 할푼리

야구에서는 할푼리라는 단위를 사용하여 타율을 나타낸다.

예를 들어 '저 타자는 타율이 1할 3푼 5리야.'라고 하면 1이 전체일 때 칠 수 있는 비율은 0.135다. 그럼 이 타자는 1,000개의 공을 던지면 135개의 공을 칠 수 있는 타율을 가진 것이다.

할은 소수점 첫째 자리, 푼은 소수점 둘째 자리, 리는 소수점 셋째 자리를 나타낸다.

아무튼 프로 야구 선수가 1할 3푼 5리보다 낮은 타율을 지녔다면 상당히 저조한 실력인 편이다.

체력이가 말했다.

"그럼 이제 야구 경기장에 숨어 있는 다양한 도형을 찾아볼까?"

정신이의 말처럼 직사각형, 정사각형, 오각형, 부채꼴 등 야구 경기장은 다양한 도형으로 이루어져 있었다.

"모든 스포츠 경기장은 도형들의 잔치 같아."

정신이가 말했다.

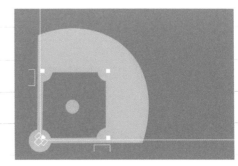

**야구 경기장**

"그러고 보니 정말 그렇네."

딱! 하고 공이 배트에 맞는 소리가 나는가 싶더니, 체력이가 시원하게 뻗으며 날아온 야구공을 글러브로 멋지게 잡았다.

"체력아, 멋있다!"

"하하하. 오늘 운이 좋은걸? 그런데 이 야구공에도 과학이 숨어 있어."

체력이는 야구공을 쳐다보며 말했다.

"뭐, 야구공에 과학이?"

"봐 봐, 야구공에는 총 108개의 실밥이 있어."

체력이가 야구공의 과학을 설명해 주었다.

"야구공이 날아갈 때, 공기는 공의 표면을 타고 뒤쪽으로 흘러. 이때, 공의 앞쪽에는 공기 저항이 생기고, 공의 표면을 따라서 흐른 공기는 뒤쪽으로 가면서 복잡한 소용돌이를 만들어. 이 변화에 따라서 공의 진행 방향이 바뀌게 되는 거지. 축구에서 바나나킥으로 배웠던 '마그누스 효과' 기억나니? 마그누스 효과가 바로 여기에도 적용되는 거야."

"그게 실밥 하고는 무슨 연관이 있어?"

"아, 좋은 질문이야. **108개의 실밥은 공기와 마찰하며 압력 차를 더 크게 만들어 주는 역할을 해.** 투수가 던진 공은 회전하며 날아가는데 실밥이 회전을 도와주지. 투수는 실밥을 이용해 공의 방향과

이기는 스포트, 수학·과학으로 답을 찾아라!

속도를 조절할 수 있고, 타자가 칠 수 없는 빠른 강속구와 변화구를 만들어 낼 수 있어."

"우아, 이 작은 야구공 하나에도 그렇게 정교한 과학이!"

"그래, 야구공에는 또 다른 과학이 있어. 야구공은 방망이에 부딪히는 순간 심하게 찌그러졌다가 튕겨 나가면서 원래의 모양으로 되돌아가. 야구공 내부는 탄성이 비슷한 코르크와 고무 그리고 털실로 차 있지. 야구공이 탄성이 높은 순수한 고무로만 이루어졌다면, 타자가 친 공은 대부분 홈런이 됐을 거야."

이때, 한 선수가 ✪ 안타를 치고 재치 있는 ✪ 주루 플레이로 3루까지 파고들었다.

✪ **안타**
야구에서 타자가 수비 쪽의 실책 없이 타자가 안전하게 1루 이상 진루할 수 있게 때린 타구를 말한다.

✪ **주루 플레이**
야구 경기에서 배트로 공을 친 선수가 주자가 되어 진루나 득점을 하기 위해서 베이스에서 다음 베이스로 달리는 것을 말한다.

**주루 플레이에 숨은 과학**

야구 선수들은 안타를 치고 시계 반대 방향으로 돈다. 야구는 그라운드를 시계 반대 방향으로 돌아야 점수를 얻을 수 있다. 일반적으로 사람의 왼쪽 다리는 지탱하는 기능이 강하고, 오른쪽 다리는 추진력이 강하다. 추진력이 강한 오른쪽 다리가 안쪽에 있게 되면, 강한 원심력이 작용해 빨리 돌 수가 없다. 시계 반대 방향으로 돌아야 타자가 베이스에 도달하는 시간을 줄일 수 있다.

"아깝다! 홈런이 될 수도 있었는데. 홈런의 비밀은 바로 배트에 숨어 있어. 배트의 전체 길이는 106.8cm 이하이고, 배트 끝에서 손잡이 쪽으로 5~10cm 정도 들어간 부분에 공이 맞으면 공이 가장 힘차게 날아가. 이 부분을 '스위트 스폿'이라고 해. 스위트 스폿으로 공을 때리면 투수가 공에 쏟은 힘을 이용해 홈런을 칠 수 있어."

"아하, 스위트 스폿에 맞아야 홈런이 되는구나."

"정신아, 그럼 이제 ★타격 연습을 해 볼까?"

"좋아, 아주 재미있을 것 같아. 그런데 타격 하니까 생각나는 수학 이야기가 있어."

정신이가 말했다.

**★ 타격**
야구에서, 투수가
던진 공을 배트로
치는 일.

이기는 스포트, 수학·과학으로 답을 찾아라!

"타격과 수학이라고?"

"너 원과 직선의 관계라는 말을 들어봤니?"

"음, 중학교 수학 교과서에서 본 것 같아."

정신이는 체력이에게 원과 직선 사이의 관계를 설명해 주었다.

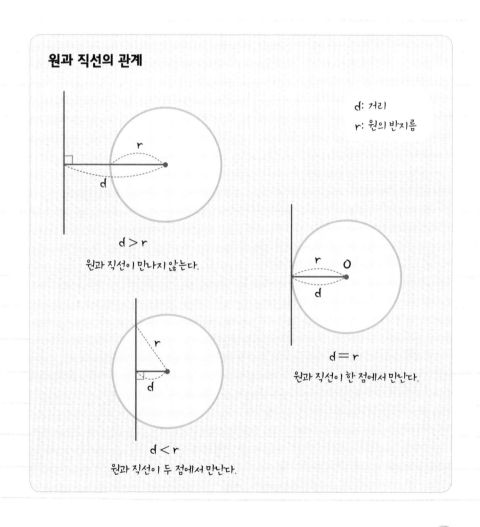

**원과 직선의 관계**

d: 거리
r: 원의 반지름

d > r
원과 직선이 만나지 않는다.

d = r
원과 직선이 한 점에서 만난다.

d < r
원과 직선이 두 점에서 만난다.

8. 변화구를 던지고 홈런을 쳐라

이때 독특하게도 야구 배트에 공이 맞을 때의 상황에 빗대어 가르쳐 주니 더욱 흥미가 생겼다.

"먼저 배트로 공이 접근할 때를 원과 직선으로 표현할 수 있어. 이때는 **원과 직선 사이의 거리 d가 원의 반지름 r보다 커서 원과 직선이 만나지 않아.**"

"이렇게 배우니 색다른 재미가 있네."

"아직 끝나지 않았어. 그다음은 배트에 공이 맞는 순간이야."

"아, 나도 알겠어. 원과 직선 사이의 거리 d와 원의 반지름 r이 똑같아지는 지점에서 원과 직선이 한 점에서 만나는구나."

"마지막으로 배트로 공을 쳐 낼 때의 모습을 봐."

"아, 원과 직선 사이가 반지름보다 작아지면 두 점에서 만나는 경우가 되는구나."

경기를 보고 나온 뒤, 정신이와 체력이는 직접 야구를 하면서 야구에 숨어 있는 또 다른 수학과 과학을 찾아보자며 운동장으로 나왔다.

정신이는 갑자기 체력이에게 마스크, 가슴 보호대, 무릎 보호대를 채워 주었다.

"너를 포수로 만들어 줄게."

날씨가 더워서 체력이는 사우나탕에 앉아 있는 듯한 기분이었다. 이때, 어떻게 알았는지 한계 삼촌이 나타났다.

이기는 스포츠, 수학·과학으로 답을 찾아라!

"정신아, 체력이 어디 갔니?"

"아, 하하하. 체력이요? 얘가 바로 체력이에요."

"누구세요?"

한계 삼촌이 포수 마스크를 통통 두들기며 말했다.

"악! 삼촌. 저 체력이에요. 정신이가 저를 이렇게 만들었어요."

"이제 좌표 평면에 관해 공부할 거예요."

정신이가 기대에 차서 말했다.

"평면? 수학에도 면이 있구나. 정신아, 체력아, 열심히 해라. 나는 라면이나 먹으러 가야겠다."

한계 삼촌은 그렇게 또 가 버렸다. 이번에도 수학이 싫은 것이다.

## 좌표 평면

좌표축이 정해져 있는 평면이다. 좌표
평면에서 두 직선이 점 O에서 수직으
로 만날 때,

- x축: 가로의 수직선
- y축: 세로의 수직선
- 원점: x축과 y축이 만나는 점 O

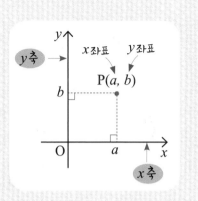

정신이는 한껏 들뜬 표정으로 좌표 평면에 관해 설명했다.

"체력아, 좌표 평면 개념을 잘 이해했는지 문제를 풀어 보자."

설명을 마친 정신이가 말했다.

좌표 평면 위의 점 A, B, C, D, E의 좌표
를 나타낸 것으로 옳지 <u>않은</u> 것은?

① A: (3, 3)　　② B: (2, 0)

③ C: (−2, 4)　　④ D: (−3, −2)

⑤ E: (4, −4)

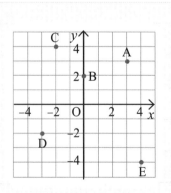

이기는 스포츠, 수학·과학으로 답을 찾아라!

"순서쌍에서 항상 $x$ 좌표 값을 먼저 써야 한다는 것만 유의하면 풀 수 있는 문제야."

"음······. 아, 답은 ②번이구나?"

"오, 정답! 왜 그런지 이유도 함께 말해 볼래?"

"항상 $x$ 의 좌표를 먼저 쓰라고 했잖아. ②번의 좌표는 $y$ 축 위에 있는 점으로, $x$ 좌표는 움직이지 않아서 0이고 $y$ 쪽으로는 2만큼 갔으니 (0, 2)로 나타내야 해. 맞지?"

"좋아! 준비 완료야. 체력아, 이제 나랑 공을 주고받아 보자. 이건 그냥 공 받기랑 완전히 달라."

정신이가 체력이가 매고 있는 가슴 보호대에 그림을 그려 넣으며 말했다.

"공을 주고 받는 데 새로울 것이 뭐가 있어?"

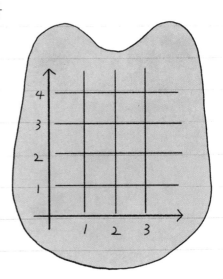

"응, 순서쌍 공 받기를 할 거야."

"순서쌍 공 받기?"

체력이에게 정신이의 말은 아리송하게만 들렸다.

"프로 야구 선수들이 시합할 때를 떠올려 봐. 포수가 투수에게 어느 곳에 던지라고 사인을 보내잖아."

정신이가 체력이에게 친절하게 설명을 시작
했다.

"아, 맞아! 포수가 앉아서 투수에게 보내는
손가락 사인!"

"그래, 그걸 이용해서 순서쌍 공 던지기를
해 보는 거야. 네가 손가락으로 1과 2를 차례
로 신호하면 나는 그걸 순서쌍 (1, 2)로 알아듣
고, 가슴 보호대에 그린 좌표의 (1, 2) 지점으
로 공을 던질게."

벌써 공을 던지러 저만치 가 있는 정신이에게 체력이가 신중하게

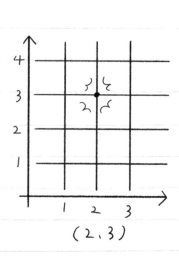

이기는 스포츠, 수학·과학으로 답을 찾아라!

손가락 사인을 보냈다. 2와 3이었다.

　신호를 본 정신이가 진짜 투수처럼 끄덕이는 턱짓을 하더니 공을 던졌다.

　역시 정신이는 수학뿐만 아니라 운동에서도 천재 소리를 들을 만했다. 공은 좌표 평면의 (2, 3)에 정확히 꽂혔다.

**퀴즈 8**　야구공에 108개의 실밥이 있는 이유는?

## 9 사각의 링 위에서 배우는 수학

"원 투, 원 투!"

정신이는 가볍게 잽을 날리며 모퉁이를 돌고 있었다. 마침 체력이가 정신이와 놀기 위해 정신이네 집 쪽으로 오던 참이었다.

"어, 체력아! 마침 잘됐다. 나 권투 도장 가는 길인데, 너도 같이 가서 배우자."

정신이는 이번에야말로 권투가 얼마나 수학적인 운동인지 체력이에게 알려 줄 기회라고 생각했다.

이기는 스포츠, 수학·과학으로 답을 찾아라!

**권투(복싱)**

양손에 글러브를 끼고 주먹만을 이용하여 상대방의 얼굴, 몸통 등을 가격하고 방어하며 진행하는 경기이다. 고대 이집트에서는 왕의 군대가 무술 훈련의 하나로 권투를 익혔다. BC 688년 제23회 고대 올림픽 대회 때부터 정식 종목으로 채택되었다. 당시 경기자는 주먹을 보호하기 위해 붕대 모양으로 자른 부드러운 송아지 가죽으로 감았다.

"체력아, 권투는 수학으로 시작하여 수학으로 끝난다는 것 알고 있니?"

정신이가 자신만만하게 말했다.

"정신아, 네가 수학을 잘하고 좋아하는 것은 잘 알겠지만, 권투와 수학은 전혀 어울리지 않아 보이는데?"

체력이는 정신이의 말에 선뜻 동의하기 어려웠다.

"하하하, 그렇게 생각하니? 내가 증명해 볼게. 체력아, 너 혹시 겉넓이라고 들어 봤니?"

"들어 봤지. 초등학교 5학년 2학기 때 힘들게 배웠던 기억이 나. 겉넓이가 권투와 무슨 관계가 있는 거야?"

**겉넓이는 말 그대로 그냥 겉, 입체 도형의 껍질 넓이**라고 생각하면 되는데, 체력이처럼 의외로 많은 학생이 힘들어한다.

정신이는 자신의 주먹을 뻗어 체력이에게 보여 주었다.

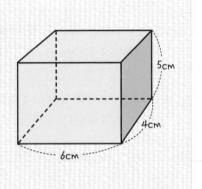

## 입체 도형의 겉넓이

입체 도형을 이루고 있는 모든 면의 넓이
의 합을 겉넓이라고 한다.

> **(직육면체의 겉넓이)**
> **=(한 밑면의 넓이)×2+(옆면의 넓이)**

오른쪽 직육면체의 겉넓이를 구하는 식은
아래와 같다.

$(6×4)×2+(6+4+6+4)×5=48+100=148$

"내 주먹을 좀 자세히 봐 줄래?"

정신이의 주먹에는 웬 붕대가 감겨 있었다.

"정신아, 이게 뭐야? 혹시 주먹을 다친 거니?"

"하하하, 다친 거 아냐. 권투 선수들은 글러브를 끼기 전에 다 이
렇게 붕대를 감아."

"혹시 붕대로 손을 감은 게 입체 도형의 겉넓이와 상관있다고 말
하려는 건 아니겠지?"

"맞아, 바로 그거야. 자신의 손 크기만큼의 면적을 붕대로 감아야
한다는 게 겉넓이의 개념과 유사하지!"

정신이와 체력이가 권투 속 수학 이야기를 나누며 권투 도장에 도

착해 보니 마침 아르바이트를 하고 있던 한계 삼촌이 트레이닝복을 입고 '사각의 링'이라고 불리는 권투 경기장 위에 서 있었다. 삼촌은 쉬지 않고 경쾌한 스텝을 밟느라 숨을 몰아쉬었다.

### 권투 경기장

권투 경기는 실내와 실외를 가리지 않고 열린다. 정사각형 형태의 경기장은 면적이 4.88m² 이상, 6.1m² 이하다. 4개의 각 코너에는 기둥이 설치되어 있고, 그 사이로 3개의 줄이 연결되어 있다. 또한 바닥은 팽팽한 캔버스 천으로 덮여 있다. 권투 경기장을 사각의 링, 즉 원형을 가리키는 링(ring)이라는 말을 써서 나타내기도 하는데, 이는 초기의 권투에서 사람들이 빙 둘러선 가운데 그 한복판에서 경기를 벌였던 전통 때문이다.

**정사각형**

네 변의 길이가 모두 같고, 네 각이 모두 직각이며 마주 보는 두 변이 서로 평행이다. 그런데 특이하게도 정사각형은 그 자체로 마름모, 직사각형, 평행사변형, 사다리꼴이라고 할 수 있다. 정사각형은 그들에 다 포함되기 때문이다.

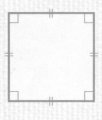 

두 대각선의 길이가 같고,
서로 다른 것을 수직 이등분한다.

"권투 경기장에서도 수학 발견! 바로 정사각형이야!"

삼촌을 보고 있던 정신이가 갑자기 외쳤다.

그러고는 자신의 발견에 신나서 정사각형에 관해 설명했다.

"자자, 이제 겉넓이인지 뭔지, 정사각형인지 뭔지 하는 수학 얘기는 치워 버리라고. 자칭 타칭 스포츠 천재라는 정신이는 글러브를 끼고 링 위로 올라와서 나랑 ★스파링 한판 어때?"

수학 이야기라면 질색하던 한계 삼촌이 정신이를 도발했다. 얼마나 스파링이 하고 싶으면

★ **스파링**
권투에서 헤드기어를 쓰고 실전처럼 연습하는 경기.

이기는 스포츠, 수학·과학으로 답을 찾아라!

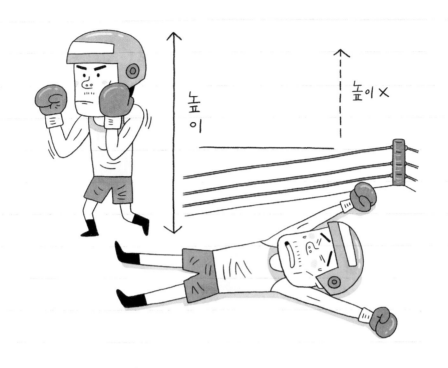

<br />

높이

높이 ✕

한계 삼촌이 '겉넓이'라는 수학 용어까지 썼을까?

정신이가 삼촌의 상대가 되어 주겠다며 몸을 풀더니 심호흡을 한 번 하고 정사각형의 링 위에 섰다.

"체급 차이가 있으니 적당히 봐주마."

한계 삼촌이 의기양양하게 말했다.

"그렇게까지 하실 필요는 없는데……."

정신이가 자신 있는 미소를 지어 보이며 말했다.

땡!

1라운드 시작을 알리는 공이 울렸다.

<br />

135

<br />

퍽, 퍽, 퍽, 퍽!

순식간이었다. 방금까지 분명 서 있던 한계 삼촌은 마치 원래 바닥에 붙어 있었던 듯 사각의 링에 누워 있었다. 그것도 큰 대(大)자로.

입체 도형은 정신이에게 맞아 다운되기 직전에 서 있던 삼촌과 비슷하게 높이가 있다. 평면 도형은 다운되어 누워 있는, 즉 높이가 사라진 한계 삼촌과 비슷하다.

평면 도형이 된 한계 삼촌, 입체 도형이었을 때가 많이 그리울 것이다.

어찌됐든 감히 누가 스포츠 천재인 정신이에게 대적하랴.

체력이는 믿음직한 정신이에게 권투를 배워 보기로 했다.

"체력아, 우선 펀치라는 것은 정확한 곳에 날리는 게 중요하니까 우리 샌드백 치기부터 배우자."

"네, 스승님!"

그런데 정신이가 가져온 샌드백은 그냥 샌드백이 아니었다.

수학 샌드백이다. 수학 샌드백?

"체력아, **거리는 속력 곱하기 시간**이라는 공식 알고 있니?"

"응, 학교에서 배웠지."

체력이는 속으로 되새겨 보았다.

'거리는 속력 곱하기 시간! 그래, 이 공식은 내 머릿속에 완벽하게 있다고.'

이기는 스포츠, 수학·과학으로 답을 찾아라!

"머릿속으로만 백날 정리하면 뭐 해. 수학은 실전이지."

정신이의 말에 체력이는 괜히 뜨끔했다.

'내 머릿속이 보이나?'

"체력아, 내 말을 잘 듣고 샌드백을 쳐 봐."

정신이가 샌드백을 잡으며 물었다.

"속력 곱하기 시간은?"

"……"

"뭐 해? 내 질문의 답을 찾아서 그 부분을 힘껏 치라고!"

9. 사각의 링 위에서 배우는 수학

### 거리·시간·속력의 관계 공식

"속력 곱하기 시간은 거리인데……."

"맞아. 샌드백에서 '거리'라고 쓰인 부분을 펀치로 치란 말이야."

"아, 알았어."

체력이가 샌드백에 '거리'라고 쓰인 부분에 주먹을 날렸다.

"잘했어. 그럼 이제 거리 나누기 시간은?"

"속력!"

체력이는 외침과 동시에 퍽 하며 샌드백을 쳤다.

"거리 나누기 시간은?"

"속력!"

퍽!

"시간 곱하기 속력은?"

"거리!"

퍽!

"거리 나누기 시간은?"

"속력!"

퍽!

"거리 나누기 속력은?"

"시간!"

퍽, 퍽, 퍽!

체력이와 정신이는 이렇게 거리와 속력, 시간에 관한 공식을 완전
히 익힐 수 있었다. 그야말로 땀나는 수학이었다.

퀴즈 9   속력과 속도의 차이점은?

9. 사각의 링 위에서 배우는 수학

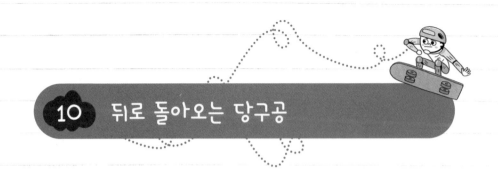

## 10 뒤로 돌아오는 당구공

오늘은 정신이가 선분과 구를 동시에 배울 수 있는 스포츠가 있다고 해서 체력이도 따라나선 길이었다.

"뭐야. 여기는 당구장이잖아."

### 선분과 구

당구에서 선분과 구를 찾아볼 수 있다.

선분 AB는 $\overline{AB}$라고 나타낸다.

한편 구의 부피는 $\frac{4}{3}$ ×(원주율)×(반지름)$^3$이다.

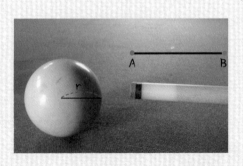

이기는 스포츠, 수학·과학으로 답을 찾아라!

"맞아, 이리 와서 이것들을 봐."

정신이는 선분같이 생긴 큐대와 구 모양의 당구공을 가리켰다.

"정신이 너 당구도 칠 줄 아니?"

"그럼."

"와, 나도 칠 줄 아는데 잘됐다. 우리 당구 한 게임 칠까?"

정신이와 체력이는 4구 게임을 하기로 했다.

정신이가 먼저 치기로 했다.

### 4구 규칙

4구는 흰 공, 노란 공, 빨간 공 2개 총 4개의 공(4구)으로 하는 게임이다. 자신의 공이 흰 공이면, 상대방 공은 노란 공이 된다. 자신의 공으로 빨간 공 2개를 맞히면 점수를 얻는 경기다. 빨간 공 1개만 맞히면 공격권이 상대방에게 넘어간다.

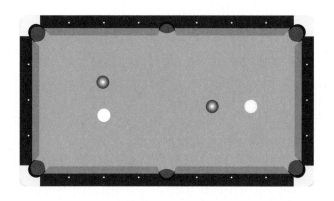

정신이는 자신이 치려는 공의 정중앙을 겨냥했다.

탁!

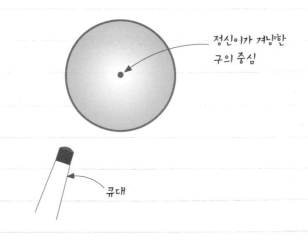

정신이가 겨냥한
구의 중심

큐대

이기는 스포츠, 수학·과학으로 답을 찾아라!

정신이가 친 공의 움직임을 보자.

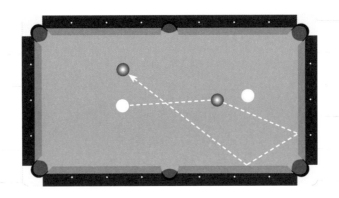

고수들은 다르게 칠 수도 있겠지만 정신이는 자신의 당구 실력에
맞게 쳤다.

정신이가 선택한 것은 사각형 모양의 움직임이다. 네 개의 각이
생겼다.

이후에 정신이가 실수를 하자, 체력이에게 차례가 돌아왔다. 체
력이가 쳐야 할 공의 모습을 보자.

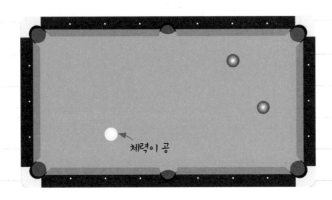

체력이 공

체력이는 자신이 쳐야 할 공의 부위를 신중히 생각했다. 마치 수학의 좌표 평면에 점을 찍듯이 정확한 지점을 쳐야 원하는 곳으로 공을 움직일 수 있다.

체력이가 선택한 공의 부위를 보자.

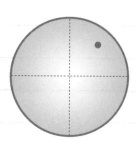

공의 정 중앙이 원점이라고 생각하면, 체력이가 치려는 부분은 제 1사분면에 해당된다.

탁!

체력이가 쳤다.

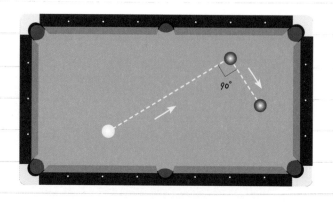

이기는 스포트, 수학·과학으로 답을 찾아라!

체력이가 친 공은 90°의 직각을 이루며 빨간 공 두 개를 맞혔다. 득점 1개를 해서 10점을 얻었다. 체력이는 의기양양한 표정으로 초크를 바르다가 말했다.

"정신아, 큐대에 초크를 바르는 과학적 이유를 알려 줄게."

"그래? 초크에도 과학이 있단 말이야?"

"응, 그럼. 초크는 직육면체 모양으로 된 분말이야. **초크는 큐와 당구공의 마찰을 크게 해 주는 역할**을 해. 큐와 당구공의 마찰이 작으면 큐로 당구공을 칠 때 미끄러워서 공이 바로 튕겨 나가지. 반대로 큐와 당구공의 마찰이 크면 덜 미끄러워서 당구공의 회전과 방향 조절을 더 쉽고 섬세하게 조절할 수 있어."

"아, 그래서 당구공을 치기 전에 한 번씩 초크를 바르는구나."

이때, 한계 삼촌이 당구장에 들어왔다.

"얘들아, 여기 있었구나! 나도 끼워 주라. 그러면 내가 밀어 치기와 끌어 치기를 가르쳐 주마."

"좋아요!"

정신이와 체력이는 신나서 대답했다.

"자, 잘 봐."

한계 삼촌은 멋지게 자세를 잡고 기술을 선보였다.

"자, 밀어 치기와 끌어 치기를 할 때 이 삼촌이 공의 어디를 치는지를 먼저 보여 줄게. 그리고 나서 이 기술들을 어떤 때에 활용하는 것이 좋은지 알려 주마."

'우아, 한계 삼촌의 당구 실력이 이렇게 대단했었나?'

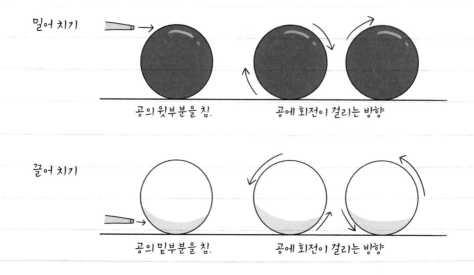

밀어 치기

공의 윗부분을 침.　　공에 회전이 걸리는 방향

끌어 치기

공의 밑부분을 침.　　공에 회전이 걸리는 방향

이기는 스포츠, 수학·과학으로 답을 찾아라!

한계 삼촌이 먼저 밀어 치기를 해야 하는 경우를 보여 주었다.

"자, 봐 봐. 이렇게 치기 힘든 각도에 공이 놓여 있을 때, 밀어 치기를 하는 거다."

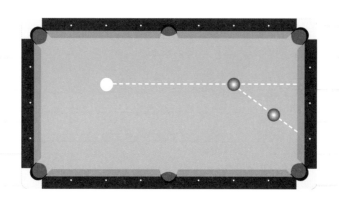

정신이도 큐대로 각을 재 보았다.

"한계 삼촌, 정말 저 빨간 공 사이로 공을 치는 건 불가능해 보이는데요?"

한계 삼촌이 초크를 큐대에 문지르자 뻑뻑 소리가 났다. 삼촌의 표정은 어느 때보다도 진지해 보였다.

결심한 듯, 삼촌은 자세를 잡았다. 당구는 뭐니 뭐니 해도 자세가 중요하다.

큐대와 삼촌의 시선이 서로 나란히 놓였다. 수학에서는 **두 개의 직선이나 두 개의 평면 또는 직선과 평면이 나란히 있어 아무리 연장해도 만나지 않을 때 그것을 '평행하다'**라고 말한다.

147

**큐대와 시선의 평행**

딱!

큐대가 경쾌한 소리를 내며 당구공을 쳤다. 삼촌이 말한 밀어 치기 기술이었다. 큐대는 정확히 공의 위쪽을 맞혔다.

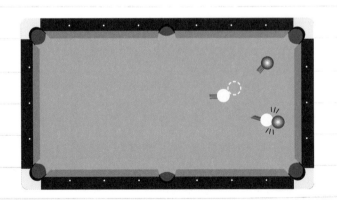

이기는 스포츠, 수학·과학으로 답을 찾아라!

한계 삼촌이 친 공은 앞쪽 빨간 공을 맞히고 그대로 앞으로 나아가며 그다음 빨간 공을 맞혔다. 이런 공의 진행은 공의 회전과 관련이 있다.

밀어 치기는 이렇게 각이 없을 때 앞쪽 빨간 공을 밀어내면서 그 방향 그대로 나아가며 뒤쪽의 빨간 공을 맞히는 기술이다.

연달아 공을 밀어내면서 전진하는 기술에 정신이와 체력이 모두 놀랐다.

"밀어 치기 기술에 따라 당구공의 위쪽을 치면 이런 현상이 생기니까 잘 응용하도록 해라."

"삼촌! 진짜 대단해요."

"맞아요! 어쩜 그렇게 잘 치세요?"

칭찬에 신이 난 한계 삼촌은 그동안 당구장에서 시켜 먹은 짜장면 값이 아깝지 않다고 생각하며 다시 자세를 고쳐 잡았다.

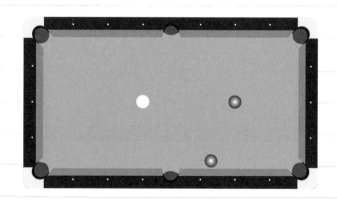

"이번에는 끌어 치기 기술을 보여 주마."

"이런 상황에서 앞쪽 빨간 공을 먼저 맞힌다면 분명히 그 반동이 생기면서 공이 어디로 튈지 몰라. 당구대의 벽에 빨간 공이 붙어 있기 때문이지."

"그럼 이럴 땐 어떡해야 하나요?"

"뒤에 있는 빨간 공을 먼저 맞히면 돼."

체력이가 놀라서 손사래를 쳤다.

"말도 안 돼요. 뒤쪽 빨간 공을 먼저 맞히면 공이 되돌아와서 앞쪽 빨간 공을 맞힌다고요?"

"그래, 그게 바로 끌어 치기 기술이다. 놀랄 것 없어. 직접 보면 알게 돼."

다시 한번 딱! 소리가 경쾌하게 울렸다.

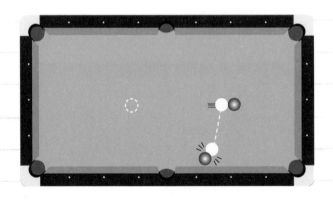

"뭐야, 공이 살아 있나 봐. 뒤로 돌아왔어!"

이기는 스포츠, 수학·과학으로 답을 찾아라!

"크하하하! 공이 살아 있는 게 아니라, 내가 당구공의 아래 부분을 끌어 내듯이 쳤기 때문에 그런 현상이 일어난 거지."

"와, 공에 회전이 걸려 그런가 보네요. 끌어 치기를 시도하면 누구나 그렇게 할 수 있나요?"

"어림도 없는 소리! 이론과 실제는 달라. 연습을 얼마나 많이 해야 하는데."

삼촌의 말이 떨어지기 무섭게, 체력이가 끌어 치기에 실패한 공이 붕 떠오르더니 한계 삼촌의 정수리를 정확하게 맞혔다.

눈물이 핑 돌 정도로 아픈 한계 삼촌은 벌써 저만치 도망가는 체력이를 쫓아갔다. 한계 삼촌과 체력이는 마치 쫓고 쫓기는 추격전이 벌어지는 당구대 위의 두 공처럼 보였다.

**퀴즈 10** 당구를 칠 때 공이 앞으로 더 가기도 하고 뒤로 돌아오기도 하는 이유는?

10. 뒤로 돌아오는 당구공

# 11 이기고 싶다면 공을 높이 띄울 것

"얘, 체력아. 내가 퀴즈 하나 낼 테니까 맞춰 볼래?"

"퀴즈? 퀴즈 좋지. 어디 한번 내 봐."

"한마디로 이 스포츠는 평면 도형으로 입체 도형을 치는 거야. 그때 입체 도형이 평면 도형 위로 올라가는데, 그걸 다시 평면 도형이 맞히지 못하면 이기는 스포츠는 뭘까?"

"입체 도형, 평면 도형?"

"힌트! 입체 도형은 지름 40mm, 무게는 2.7g. 평면 도형은 두 종류, 승부를 펼치는 평면 도형은 직사각형!"

"아, 알았다. 탁구!"

"빙고!"

이기는 스포츠, 수학·과학으로 답을 찾아라!

## 탁구

지름 40mm에 무게가 2.7g인 플라스틱 공을 치는 스포츠다. 흰색과 오렌지색 두 종류의 공을 사용한다. 라켓 종류로는 펜처럼 쥐는 펜 홀더 라켓과 악수하듯이 잡는 셰이크핸드 라켓이 있다.

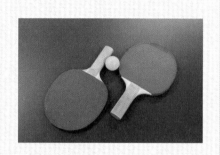

정신이와 체력이는 탁구도 칠 겸 탁구에 숨어 있는 수학과 과학을 공부하러 탁구장으로 갔다.

탁구장에 가 보니 한계 삼촌이 아르바이트를 하고 있었다.

"너희들, 이리 와 봐! 내가 탁구의 역사를 알려 주마."

한계 삼촌은 탁구장 벽면에 붙은 안내 책자를 힐끔거리며 탁구의 역사를 설명해 주었다.

"탁구는 그 역사나 기원이 정확하지 않아. 테니스에서 힌트를 얻은 영국인들이 더위를 피하여 실내에서 놀 수 있는 놀이로 변형시켰다는 것이 통설이란다.

1898년에는 ★셀룰로이드 탁구공이 만들어졌는데, 그 공을 칠 때마다 나는 핑퐁 소리를 따서 탁구를 '핑퐁'이라고도 불렀지. 그 후 명칭이

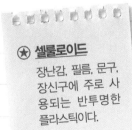

★ **셀룰로이드**

장난감, 필름, 문구, 장신구에 주로 사용되는 반투명한 플라스틱이다.

11. 이기고 싶다면 공을 높이 띄울 건

테이블 테니스로 바뀌고 오늘에 이르렀다는군."

"삼촌, 그럼 이제 같이 탁구 대결 한번 해 보실래요? 단, 과학적
으로!"

체력이가 묻자, 한계 삼촌은 갑자기 혼자 거울을 보며 서브 자세
를 연습하기 시작했다.

정신이와 체력이는 사뭇 진지하게 직사각형 탁구대 앞에 서더니
자세를 잡았다. 드디어 체력이가 공을 높이 띄워 서브를 했다. 기
가 막히게 들어갔다.

"정신아, 서브할 때 공을 높이 띄우는 이유를 알고 있니?"

"내가 그걸 알았으면 네가 넣은 서브를 왜 못 막았겠니? 그 이유
가 뭔데?"

"일단 공은 높이 띄울수록 위치 에너지가 증가해.

공이 가장 높이 떠서 정점에 다다랐을 때 위치 에너지는 최대가

되고 운동 에너지는 0으로
멈추게 돼. 반대로 던지는
시점에서는 운동 에너지
가 최대가 되고 위치 에너
지는 0이 되지.

따라서 **공을 높이 띄울수록**
**역학적 에너지 보존의 법칙에 의해**

이기는 스포츠, 수학·과학으로 답을 찾아라!

떨어질 때 운동 에너지가 커져. 그래서 공을 높이 띄울수록 더 많은 회전과 더 빠른 스피드로 서브를 넣을 수 있어."

"탁구 역시 수학적일 뿐만 아니라 과학적인 운동이구나. 자, 이제부터는 진짜로 봐주지 않을 거야."

정신이가 당차게 말했다.

"오, 좋아."

"하지만 규칙을 좀 바꾸자."

"규칙을? 어떻게?"

"복잡하진 않아. 수학 탁구를 할 거야."

155

"뭐? 수학 탁구?"

"일명 좌표 평면 위의 사분면 탁구!"

"사분면 탁구?"

사분면 탁구를 시작하기 전에 정신이와 체력이는 수학의 좌표 평면 위의 사분면에 대해 공부했다.

"체력아, 네가 1사분면과 2사분면을 맡아서 하고 나는 3사분면과 4사분면을 맡을게."

### 사분면

좌표 평면은 좌표축에 의하여 네 부분으로 나누어지는데, 그 각 부분을 제1사분면, 제2사분면, 제3사분면, 제4사분면이라고 한다.

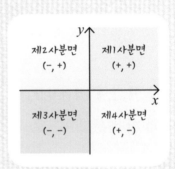

### 대칭인 점의 좌표

점 (a, b)를 x축, y축, 원점에 대하여 대칭 이동한 점의 좌표는 다음과 같다.

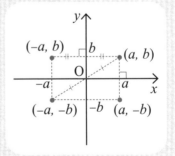

|  | x축 대칭 | y축 대칭 | 원점 대칭 |
|---|---|---|---|
| 점 (a, b) | 점 (a, −b) | 점 (−a, b) | 점 (−a, −b) |

이기는 스포츠, 수학·과학으로 답을 찾아라!

"응? 그게 무슨 뜻이야?"

"체력이 네가 친 공을 내가 1사분면과 2사분면으로 넘기고 너는 반대로 3사분면과 4사분면으로 넘기는 거야."

정신이가 말했다.

"뭐? 에이, 이 방법은 기존의 탁구랑 다를 게 없잖아."

"아니, 다른 점이 있어. 내가 칠 때 '1사분면'이라고 외치면서 치면 반드시 공이 1사분면으로 가야 해."

"그 말은, 자기가 외친 사분면으로 무조건 공을 보내야 한다는 말

이니?"

"그렇지!"

"그건 너무 어려운 규칙 같은데?"

"이 땅의 소년 소녀에게 불가능이란 없다!"

정신이가 체력이에게 용기를 불어넣고는 먼저 서브를 넣었다.

"1사분면으로!"

탁! 우와, 정신이가 친 공은 정확히 1사분면으로 향해 갔다.

이번에는 체력이가 받아칠 차례였다.

"3사분면!"

붕.

체력이는 헛손질로 점수를 잃고 말았다.

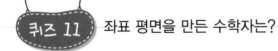

**퀴즈 11** 좌표 평면을 만든 수학자는?

이기는 스포츠, 수학·과학으로 답을 찾아라!

## 12  진자 운동으로 스트라이크를 쳐라

정신이와 체력이는 놀이터에서 함께 그네를 타고 있었다.

"정신아, 그네에는 진자 운동의 원리가 작용하는 거 알고 있니?"

체력이가 말했다.

"진자 운동? 안 그래도 왔다 갔다 어지러운데 너까지 어려운 말로 내 머리를 아프게 할래?"

체력이는 정신이가 째려보는 통에 화제를 돌리려고 짐짓 화를 버럭 냈다.

"아니, 누가 내 공에 구멍을 낸 거야?"

### 진자 운동

고정된 한 축이나 점의 주위를 일정한 주기로 진동하는 운동이다. 추에 줄을 매달아 줄을 고정하고 추를 한쪽에서 잡았다가 놓으면 추는 일정한 기준을 중심으로 왔다 갔다 하면서 움직인다. 이와 같은 운동을 하는 추를 '진자'라고 하는데, 이때 진동하는 추는 속력과 방향이 모두 변하는 진자 운동을 한다. 즉, 가운데로 갈수록 점점 빨라지고 양 끝으로 갈수록 점점 느려진다.

체력이는 놀이터 벤치 위에 올려 둔 공 쪽으로 달려갔다. 무슨 영문인지 궁금했던 정신이도 진자 운동을 하는 그네에서 내려와 체력이를 따라가 보았다.

"어디 봐!"

볼링공이었다. 공에 난 구멍은 3개의 손가락을 넣을 수 있도록 만들어졌다. 체력이가 장난을 친 것이었다. 정신이의 매운 손이 체력이의 등을 짝, 하고 내리쳤다.

"아야! 미안, 미안. 우리 진자 운동의 원리를 배우러 볼링 치러 가지 않을래?"

그렇게 체력이는 정신이와 함께 볼링을 치러 갔다. 볼링장에 가 보니 한계 삼촌이 있었다.

"너희들, 오늘은 삼촌이 볼링장 아르바이트를 하니까 장난치지 말고 조용히 놀아야 한다."

이기는 스포트, 수학·과학으로 답을 찾아라!

**볼링**

공을 굴려 목표 지점에 놓여 있는 핀을 쓰러뜨리는 스포츠로, 무거운 공의 스핀을 적절히 조절하는 능력과 목표물에 정확히 공을 굴려 넣을 수 있는 동작과 스피드가 복합된 경기이다.

그러면서 삼촌은 멋지게 마루 위로 공을 굴렸다. 아무래도 일하는 것처럼 보이지는 않았다.

볼링 연속 동작

**볼링의 역사**

볼링은 돌을 던지거나 굴려서 표적에 맞히려는 인간의 본능에서 발생한 것으로 보인다. 중세 유럽에서 종교적인 의식으로 승려나 교구민들이 나뭇조각 쓰러뜨리기를 했는데, 이것이 현대 볼링의 원형이라 알려져 있다. 16세기 독일의 종교 개혁가 M. 루터가 현대와 같은 볼링 경기 규칙의 기초를 만들었다고 한다.

체력이가 볼링공으로 진자 운동을 보여 주겠다며 급히 공을 굴렸다. 쿵 , 뚜그르르. 공은 그만 옆 고랑으로 빠졌다.

"키키키, 체력아. 인류는 아주 오래전부터 볼링을 쳤다는데, 네게도 볼링을 즐기던 조상들의 피가 흐르고 있다고! 자신감을 가져!"

정신이가 은근히 체력이의 약을 올렸다.

"우리도 원시인이 돌을 굴리듯이 볼링을 해 보자, 체력아. 공을 고랑에 빠트리지 말고. 이제 우리는 구 모양의 볼링공으로 삼각형 모양의 핀들을 깨뜨릴 거야."

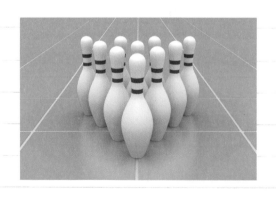

정신이가 말했다.

"삼각형 모양?"

"저기 핀들이 서 있는 모습을 위에서 본다고 생각해 봐."

"우와, 그러네. 삼각형 모양

이기는 스포츠, 수학·과학으로 답을 찾아라!

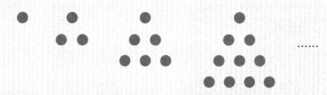

**삼각수**

위 그림과 같이 정삼각형 모양을 이루는 점의 개수를 삼각수라고 한다.
따라서 1, 3, 6, 10······ 등은 삼각수이다.

이다. 그것도 정삼각형!"

정신이가 뭔가 생각하다가 체력이에게 물었다.

"볼링 핀의 개수가 모두 몇 개지?"

"열 개잖아."

"열 개라. 그럼 삼각수다!"

정신이와 체력이는 한계 삼촌에게 부탁해 삼각수 게임을 하기로
했다. 그러니까 삼각수 순서대로 핀을 세워 두고 경기했다. 처음에
는 핀 1개를 쓰러뜨리는 것부터 시작하여 3, 6, 10, 15, 21, 28로
핀의 개수를 늘려 나갔다. 이렇게 규칙을 정해 볼링 경기를 하는 것
도 무척 재미가 있었다.

"역시 볼링에 수학 요소를 가미하니 훨씬 게임이 재밌어지네."

수학을 좋아하는 정신이가 말했다.

"재밌냐? 나는 안 재밌다."

레일 사이로 잽싸게 뛰어가서 고장 난 기계를 손보던 한계 삼촌이 한마디하고 휭하니 가 버렸다. 아르바이트도, 수학도 싫은 거야.

"이제 사각수 게임을 해 볼까?"

정신이가 또 다른 재밌는 게임을 제안했다.

"사각수 게임?"

이번에는 볼링 핀을 사각수로 배열한 뒤 게임을 즐겼다.

"수학으로 하는 볼링이 이렇게 재밌다니. 하하하."

체력이가 볼링에 숨은 수학을 가르쳐 준 정신이에게 보답하기 위해 볼링에 들어 있는 과학을 알려 주겠다고 했다.

"정신아, 내가 볼링 속에 숨어 있는 과학 이야기를 들려줄게."

"그래? 재미없거나 너무 어려운 내용이면 게임 비용은 네가 다 내야 해."

체력이는 좀 전에 '진자 운동'이 어렵다고 했던 정신이의 말이 기억나 살짝 걱정되었지만, 정신이에게도 분명 재미있을 거라고 믿고 과학 이야기를 시작했다.

"볼링은 진자 운동으로 시작해. 어깨를 회전축, 팔을 진자로 하여

이기는 스포츠, 수학·과학으로 답을 찾아라!

**사각수**

1, 4, 9, 16, 25, 36 …

그림과 같이 차례로 점을 찍어 정사각형 모양의 배열을 만들어 나갈 때, 각각의 정사각형을 이루는 점의 개수를 사각수라고 한다. 한편, 어떤 자연수를 제곱하여 얻어지는 수를 제곱수라고 한다. 사각수와 제곱수는 그 정의가 다르지만, 실제로는 같은 수를 나타낸다. n번째 사각수는 가로와 세로에 n개의 점이 있는 정사각형을 만드는 점의 개수이므로 그 수는 $n^2$이다.

한편, 다음 그림을 통해서도 알 수 있듯이 모든 사각수는 연속한 홀수들의 합으로 나타낼 수 있다.

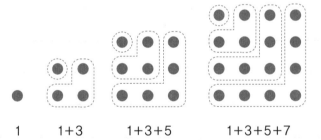

| 1 | 1+3 | 1+3+5 | 1+3+5+7 |

시계추와 같이 볼을 잡지. 신체를 중심으로 팔을 뒤로 하였다가 진자
운동의 원리와 같이 앞으로 향하고 동시에 다리를 이동시켜 자신이

12. 진자 운동으로 스트라이크를 쳐라

임의로 정한 지점에 볼링공을 놓는 거야. 그러면 볼링공이 지정된 핀으로 굴러가 맞히게 되지."

"이제 알겠어. 볼링에서 팔 동작이 진자 운동의 원리라는 거. 꽤 재미있는데?"

"아, 이제 볼링에서의 마찰력을 보여 줄게. 기다려 봐."

체력이는 공에 회전을 걸어 굴렸다. ⭐스트라이크였다.

"우아, 공이 살아 있는 것처럼 휘어진다. 너

⭐ 스트라이크
첫 투구에서 공으로 10개의 핀을 모두 쓰러뜨리는 것.

이기는 스포츠, 수학·과학으로 답을 찾아라!

무 멋지다."

정신이가 감탄하며 박수를 쳤다.

"하하. 이쯤이야."

"나도 가르쳐 줘. 마술 같은 볼링 과학!"

정신이가 볼링공을 쥐고 눈을 반짝였다.

"정신아, 공은 손목의 회전 방향으로 돌게 되어 있어. 그래서 손목의 회전력이 중요하지."

"아, 손목의 회전력을 이용하는구나."

"그리고 공이 지면에 닿으면서 마찰력이 생겨. 이 마찰력이 공을 휘어지게 만드는 거야."

"마찰력?"

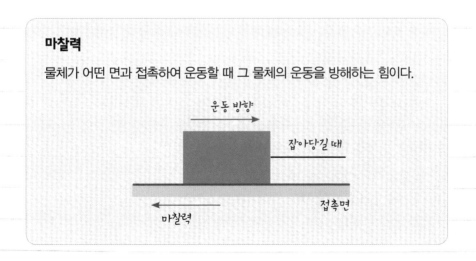

**마찰력**

물체가 어떤 면과 접촉하여 운동할 때 그 물체의 운동을 방해하는 힘이다.

"그래, 마찰력. 공의 휘어짐은 이 마찰력의 과학이지. **물체가 어떤 면과 접촉하여 운동할 때 그 물체의 운동을 방해하는 힘을 마찰력**이라고 하잖아. 예를 들어 나무토막을 아주 작은 힘으로 잡아당기면 나무토막이 움직이지 않아. 나무토막과 바닥 면 사이에 나무 도막의 운동을 방해하는 힘이 작용하기 때문이지."

체력이가 마찰력에 관해 설명했다.

"마찰력은 방해꾼이구나."

"마찰력은 물체의 운동을 방해하는 힘이므로, 항상 물체의 운동 방향과 반대 방향으로 작용하는 거지."

"그럼 마찰력은 언제 커지는 거지?"

"**마찰력의 크기는 접촉면의 거칠기, 물체의 무게에 따라 달라. 그런**

### 마찰력을 크게 하여 이용하는 사례

- 빙판길에 모래를 뿌린다.
- 자동차가 눈길을 달릴 때 자동차 바퀴에 체인을 감는다.
- 등산화 바닥을 울퉁불퉁하게 만들어 잘 미끄러지지 않게 한다.

### 마찰력을 작게 하여 이용하는 사례

- 수영장 미끄럼틀에 물을 뿌려 준다.
- 창문을 열기 쉽게 창문틀 사이에 바퀴를 설치한다.
- 자전거 바퀴 축과 같은 기계의 회전 부분에 윤활유를 바른다.

데 마찰력은 접촉면의 넓이와는 관계없지. 접촉면이 넓은 물체의 마찰력과 접촉면이 좁은 물체의 마찰력은 같아."

"오, 그렇구나."

체력이는 이런 마찰력을 어디에 이용할 수 있는지 정신이에게 말해 주었다.

"이 녀석들아, 공부 다 했냐? 나도 드디어 아르바이트 끝났다! 엇? 으아!"

한계 삼촌이 체력이와 정신이가 있는 곳으로 서둘러 오다가 넘어졌다. 마찰력이 작았나 보다.

**퀴즈 12** 볼링 선수가 볼링공에 회전을 주는 이유는?

## 13 화살이 10점을 맞힐 확률은?

"양궁만큼 수학적인 스포츠는 없어!"

티브이로 양궁 경기를 보다가 정신이가 체력이에게 말했다.

"양궁이?"

체력이는 정신이의 말이 도저히 이해가 되지 않았다. 양궁이 과학

적이라고 한다면 좀 이해가 되지만 양궁이 수학적이라니!

"너 지금 내 말을 의심하는 거지?"

"⋯⋯."

"말이 없는 것을 보니 정말인가 보구나."

"아냐, 의심하는 것은 아니고 그 이유가 궁금해서 그래."

체력이가 서둘러 대답했다.

이기는 스포츠, 수학·과학으로 답을 찾아라!

**양궁**

활과 화살을 이용하여 일정한 거리에 떨어져 있는 과녁을 향해 쏘아 득점을
겨루는 타깃 종목이다.

"좋아. 나를 따라서 양궁 경기장으로 가 보면 알 거야."

정신이와 체력이는 가까운 양궁 경기장으로 갔다.

"어이, 잠깐! 양궁 체험 하러 온 거냐? 그렇다면 양궁의 역사에 대
해 먼저 알아보고 가거라."

한계 삼촌이 양궁 경기장에 들어서는 정신이와 체력이를 불러 세
웠다. 오늘도 삼촌은 양궁 체험을 도와주는 아르바이트를 하고 있
었는가 보다. 안내 책자를 펼쳐 든 삼촌은 근엄한 장군님처럼 목을
가다듬더니 양궁의 역사를 읽어 주셨다.

"예부터 활은 사냥이나 전쟁의 도구로 존재해 왔으며 지역별로

조금씩 차이가 있다. 양궁은 지중해에서 유래하였으며 '양궁'이라는 명칭은 우리나라의 전통 활쏘기인 국궁, 즉 궁도와 구별하기 위해 붙여진 이름이다. 우리나라 고유의 국궁은 몽골에서 유래된 것이다. 1538년 무렵 궁도 애호가인 영국의 헨리 8세가 영국 전역에 보급하였고, 세계적으로 활성화된 것은 1930년대 이후부터이다. 아하, 그랬군. 어험."

한계 삼촌도 오늘 처음 읽은 것 같았다.

"내친김에 경기 방법도 알아보자."

한계 삼촌의 적극적인 모습에 체력이와 정신이는 조금 졸리기는 했지만, 끝까지 듣기로 했다.

"양궁은 표적 경기와 필드 경기로 나뉘지. 표적 경기는 정해진 거리에서 정해진 수의 화살로 표적을 쏜 뒤 점수를 계산하는 방식으로, 올림픽 라운드와 그랜드 라운드, 더블 라운드, 싱글 라운드, 세트제 등이 있어. 으흠."

한계 삼촌은 잠시 목을 가다듬고 말을 이었다.

"필드 경기는 넓은 평야나 고원 등지의 장애물이 없는 야외에서 실시한다. 최장 75m, 최단 6m인 14개의 다양한 코스를 인코스와 아웃코스로 설정하여 총 28코스에서 코스당 4발씩 총 112발을 쏘아 점수를 합산한다. 올림픽 종목은 아니지만, 국제양궁연맹이 주관하는 세계선수권대회가 표적 경기 대회와 별도로 2년마다 짝수

이기는 스포츠, 수학·과학으로 답을 찾아라!

해에 열린다. 자, 이제 됐다. 가서 놀아!"

한계 삼촌은 금방 지루해졌는지 정신이와 체력이를 양궁 체험장
에 데려다주고 가 버렸다.

"이제 내가 양궁이 왜 수학적인 스포츠인지 보여 줄게."

정신이가 자신만만하게 말했다.

정신이는 활을 하나 집어 들고 보더니 그 옆에 그림을 하나 그렸
다. 정신이가 그린 그림을 보고 체력이는 뭔가가 떠올랐다.

"앗, 활꼴이다. **활꼴은 원의 일부분으로, 호와 현으로 이루어진 도
형이지.**"

체력이가 말했다. 축구 경기장에서도 활꼴을 발견한 적이 있었다.

173

활꼴은 원과 함께 시험에 자주 등장하는 단골 주제이기도 하다.

정신이가 체력이를 향해 말했다.

"체력아, 활을 한번 당겨 볼래? 너의 가슴이 마치 원의 중심이라고 생각하고 힘껏 시위를 당겨 봐."

그렇게 정신이는 체력이를 부동자세로 세워 놓고 다시 그림을 그리기 시작했다.

"체력아, 너는 나의 훌륭한 수학 모델이야."

드디어 정신이가 체력이를 모델로 했다는 그림을 완성했다. 그런데 정신이가 그린 그림을 본 체력이가 울상을 지었다.

"뭐야, 나를 모델로 세워 놓고 기껏 그린 게 고작 이거야? 나는 없고 부채꼴만 있잖아."

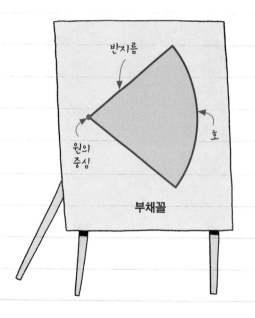

"네가 모델처럼 생기긴 했지만, 수학에서 엄청나게 인기 있는 도형은 바로 부채꼴인걸? 하하하."

체력이가 활을 가슴까지 당기면서 활의 모양이 부채꼴이 되었다. 체력이는 모델처럼 생겼다는 말에 기분이 좋다가도 정신이가 자신을 놀리는 것인지 아닌지 헷갈렸다. 그때 정신이가 갑자기 화살을 가리

이기는 스포츠, 수학·과학으로 답을 찾아라!

컸다.

"이게 뭐로 보이지?"

"뭐긴? 화살이지."

"에이, 수학 공부 하는 중이잖아. 화살을 보면 생각나는 거 없어? 활이 날아가는 모습을 생각해서 맞춰야 해."

"음…… 반직선!"

"오, 맞았어. 화살은 수학에서 반직선에 해당하지. 반직선이라는 말이 나온 김에 직선에 관해 더 알아보자."

정신이가 직선이 결정되는 조건을 설명해 주었다.

**직선의 결정**

1. 한 점을 지나는 직선은 무수히 많다.
2. 서로 다른 두 점을 지나는 직선은 오직 하나뿐이다.

정신이가 직접 그려서 보여 주었다. 말보다 그림이 이해하기 빠르기 때문이다.

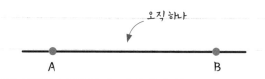

"직접 그어 보니 정말 그렇구나. 그리고 배웠던 기억도 나. 아무 것도 아닌 말처럼 보여도 알고 보니 신기해."

"좋았어. 그럼 이제 직선, 반직선 그리고 선분을 비교하며 공부해 보자. 이번에도 그림을 그려서 더 쉽게 알려 줄게."

## 직선, 반직선, 선분

| | | | |
|---|---|---|---|
| 직선 AB | $\overleftrightarrow{AB}(=\overleftrightarrow{BA})$ | | 서로 다른 두 점 A, B를 지나 한없이 곧게 뻗은 선이다. |
| 반직선 AB | $\overrightarrow{AB}$ | | 직선 AB 위의 한 점 A에서 시작하여 점 B의 방향으로 뻗어 나가는 직선의 일부분이다. |
| 반직선 BA | $\overleftarrow{BA}$ | | 직선 AB 위의 한 점 B에서 시작하여 점 A의 방향으로 뻗어 나가는 직선의 일부분이다. |
| 선분 AB | $\overline{AB}(=\overline{BA})$ | | 직선 AB 위의 점 A에서 점 B까지의 부분이다. |

"이야, 화살에서 반직선을 떠올리다니, 다시 생각해 봐도 정신이 대단하네."

하지만 체력이는 이 정도로 양궁이 수학적 스포츠라기에는 조금

이기는 스포츠, 수학·과학으로 답을 찾아라!

부족하다는 생각이 들었다.

정신이가 이런 체력이의 생각을 눈치챘다.

"이것뿐만 아니야. 양궁은 확률의 스포츠야."

### 과녁

과녁은 대개 밀짚으로 엮은 새끼를 단단히 꼰 다음 점수를 나타내는 동심원
이 그려진 헝겊을 겉에 씌워서 만드는데, 두께는 약 10cm, 지름은 약 120cm
이다. 동심원은 국제양궁연맹 방식으로 총 10개이다. 이때 중심을 맞히면
10점이며 가장 바깥쪽에 있는 동심원을 맞히면 1점이다. 과녁의 크기는 거리
에 따라 달라진다.

"확률의 스포츠?"

"일단 과녁에 관해 설명해 줄게."

"체력이는 저 과녁에서 몇 점짜리 동심원을 맞히고 싶니?"

"당연히 10점이지. 티브이로 경기를 봤을 때도 10점에 맞으니까 환호하고 박수쳐 주던데?"

"그래. 그럼 1점에서 10점까지 경우의 수에서 네가 10점에 해당하는 곳에 화살을 명중시킬 확률은 얼마나 될까?"

"$\frac{1}{10}$ 아니야?"

---

**체력이가 생각한 방식**

$$\frac{(10점에\ 명중하는\ 사건이\ 일어나는\ 1가지)}{(일어날\ 수\ 있는\ 모든\ 경우의\ 수\ 10가지)} = \frac{1}{10}$$

---

"모든 경우의 수 가운데 한 가지 한 가지가 동일한 경우라고 하면 $\frac{1}{10}$이지만, 다시 한번 잘 생각해 봐. 10점의 영역은 아주 작고, 1점의 영역은 아주 커."

"음, 그렇네."

"그래서 **10점이 될 확률은 $\frac{1}{10}$보다 더 낮아지지.** 그래서 양궁이 재미있는 확률 경기라고 할 수 있어."

"높은 점수를 받으려면 엄청나게 연습을 해야겠구나. 연습은 확률을 높이는 결과를 가져올 테니까."

그때 화살 하나가 과녁을 벗어나더니 노을이 지고 있는 저녁 하늘 속으로 긴 포물선을 그리며 날아갔다.

한계 삼촌이 쏜 화살이었다.

"나는 과녁을 겨냥한 것이 아니라 산속에 숨어 있는 꿩을 겨냥한 거야. 하하하."

한계 삼촌은 멋쩍은 듯 허리를 펴고 크게 웃었다.

**퀴즈 13** 확률을 체계적으로 정리한 수학자는?

13. 화살이 10점을 맞힐 확률은?

철봉에 매달린 도형

"뭐니 뭐니 해도 스포츠와 수학의 완성은 체조야."

정신이가 아무리 수학을 좋아한다지만, 이건 또 무슨 소리인가?
체력이는 자신도 모르게 고개를 갸웃했다.

"왜, 아닌 것 같아?"

정신이가 바로 눈치채고 물었다.

"아니, 맞는 것 같아."

"그래? 맞다고 생각한다니 그럼 그 이유를 말해 봐!"

체력이는 정신이에게 말로는 당할 수 없다는 걸 느끼고 있었다.

"자, 내 말이 사실이라는 것을 체조 경기장으로 가서 가르쳐 주
지. 날 따라오라고!"

이기는 스포트, 누학·과학으로 답을 탖아라!

"너희들 지금 어디 가니?"

언제부터 와 있었는지 오늘도 한계 삼촌이 참견했다.

정신이는 일부러 체조 속 수학을 찾으러 간다는 말은 쏙 빼고 말했다.

"운동하러 체조 경기장에 가요."

"운동? 오호, 체조! 그렇잖아도 몸이 근질근질하던 참이야. 좋아, 나도 가자."

그렇게 해서 셋은 체조 경기장으로 향했다.


### 체조

맨손 또는 기계나 기구를 사용해서 하는 운동이다. 신체의 원만한 발육을 돕고, 근력을 증강하게 해 준다. 먼저, 맨손 체조는 기계나 기구의 도움 없이 힘과 유연성을 기르는 운동이다. 다음으로, 기계 체조는 기계를 사용하는 체조로 평행봉·철봉·안마·도마·링 운동 등을 일컫는다. 마지막으로, 기구 체조는 아령이나 곤봉 같은 기구를 사용하는 체조이다.

### 체조의 역사

우리나라에서는 신라 시대 화랑도에게 심신을 단련시키기 위한 수단으로 무예와 가무가 복합된 체조 같은 것이 실시되었을 것으로 추측된다. 조선 시대 유학자 이황은 『활인심방』의 도인법 같은 일종의 실내 의료 체조를 만들어 내기도 했다.

14. 철봉에 매달린 도형

**마루 운동 경기장**

"체조는 독일어로 김나스틱인데, 이 말은 고대 그리스의 '김노스', 즉 나체라는 말에서 유래되었대. 벌거벗고 경기를 벌였다는 걸 알 수 있지."

체조 경기장에 도착하자마자 정신이가 체조에 관한 지식을 뽐내었다.

"여기는 마루 운동을 하는 체조 경기장이야. 마루 운동은 남녀 체조 경기 종목의 하나로 올림픽 정식 종목이지."

체력이도 시원하게 탁 트인 경기장을 보며 상식을 뽐내었다.

스포츠에 관한 상식이라면 정신이도 만만치 않았지만, 정신이는 수학으로 맞받아쳤다.

"마루 운동 경기장은 가로 12m, 세로 12m래. 그러니까 전체 면적은 144m²이지. 다시 말해 이 경기장은 도형의 기본인 정사각형을 나타내고 있는 거야. 그리고 144는 12의 제곱수이지. 체력아, 근데 너 그거 아니?"

"뭐?"

"제곱수와 정사각형 넓이의 관계 말이야."

정신이가 다음과 같이 그림을 그려 이해시켜 주었다.

이기는 스포츠, 수학·과학으로 답을 찾아라!

**정사각형 넓이와 제곱수의 관계**

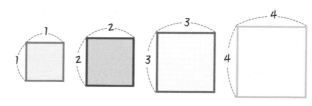

| 정사각형 넓이 | $1^2$ | $2^2$ | $3^2$ | $4^2$ |
|---|---|---|---|---|
| 제곱수 | 1 | 4 | 9 | 16 |

"아, 제곱수를 구한다는 것은 가로세로 길이가 같은 정사각형의 넓이를 구하는 것과 같구나."

이때, 한 남자가 마루 운동을 연습하는지 물구나무서기와 앞구르기를 반복하면서 사라졌다. 그 남자는 바로 정신이와 체력이가 수학 공부를 시작했다는 것을 눈치챈 한계 삼촌이었다.

"이야, 너도 봤겠지? 한계 삼촌은 우리한테 역수 개념을

**역수**

어떤 수와 곱해서 1이 되게 하는 수.
어떤 자연수와 그 자연수를 분모로 하며 분자가 1인 단위 분수는 서로 역수
다. 또 어떤 분수의 역수는 분모와 분자를 서로 바꾼 분수다.

$$7 \times \frac{1}{7} = 1 \qquad \frac{5}{8} \times \frac{8}{5} = 1$$

역수        역수

가르쳐 주면서 나가신 거야."

정신이가 말했다.

"그건 또 뭔 소리야?"

"너 역수 몰라?"

"알지. 분수에서 분모와 분자의 자리가 바뀌는 거잖아."

"한계 삼촌이 아까 물구나무서기를 했잖아. 그게 바로 수학에서 말하는 역수지 뭐겠니. 크크크."

"과연! 한계 삼촌이 역수를 몸소 보여 주신 거구나. 그럼 한계 삼촌이 한 구르기 동작은 원의 둘레를 나타내는 원주를 보여 주기 위한 동작이겠네?"

"그렇지. 한계 삼촌은 사실 수학의 숨은 고수였는지도 몰라."

정신이와 체력이는 맞장구치며 서로 마주 보고 웃었다.

이기는 스포츠, 수학·과학으로 답을 찾아라!

"체력아, 너는 '원' 하면 떠오르는 게 뭐야?"

"당연히 3.14인 원주율이지."

"그래, 맞아. 원주율은 실제 소수로 나타내면 3.1415926535……
와 같이 끝없이 써야 해. 그럼 원주율이 무엇을 나타내는 지도 알겠
네?"

"응? 그건……."

**원주율**

원주율 = 원주÷지름

**원주**

한 점에서 같은 거리에 있는 점들을 모두 이은 선, 즉 원의 둘레

185

"하하, 원주와 지름의 관계를 생각하면 돼. **원의 크기와 관계없이 원주와 지름의 비는 항상 일정해. 그리고 이 비의 값을 원주율이라고** 부르는 거야."

"그렇구나. 그럼 이제 다른 기계 체조 종목의 하나인 철봉이 있는 곳으로 가자."

체력이는 철봉이 남자 선수만 겨루는 종목이라는 걸 알고 관심을 갖고 있었다. 지금이 철봉에 대해 알고 있던 것을 정신이 앞에서 뽐낼 기회였다.

"정신아, 철봉이 인류 역사에서 자연스럽게 시작되었다는 거 알고 있니?"

"음, 원시 시대에 나무 열매를 따거나 맹수를 피하고자 나무에 매달리는 동작이 필요하지 않았을까?"

"오, 역시 너는 스포츠에 관해서는 모르는 게 없나 보구나. 그런데 이건 몰랐을걸? 예전에 철봉은 6cm 정도 되는 통나무와 같은

### 철봉

철봉에 매달린 자세에서 진동을 이용하여 연기를 하는 종목이다. 체조 종목 가운데 난이도가 높은 편이라 흥미롭게 관전할 수 있다. 한편 철봉은 남자 체조 종목이다. 올림픽에서 남자는 철봉·평행봉·안마·링·마루·도마 6종목을, 여자는 마루·평균대·이단 평행봉·도마 4종목의 경기를 치른다.

이기는 스포트, 수학·과학으로 답을 찾아라!

목봉이었대. 1850년에 이르러서야 부러지지 않는 철봉으로 대체하게 되었고. 그 뒤로 더욱 다양한 기술을 할 수 있게 된 거지."

"아하, 처음에는 철이 아니라 나무였구나. 금도끼 은도끼도 아니고, 목봉이 철봉으로 바뀌었다니. 크크크."

"근데 철봉에는 또 어떤 수학이 숨어 있는지 말해 줄래'?"

체력이가 물었다.

"체력아, 일단 네가 철봉에 매달려 봐. 그런 다음 철봉 위로 몸을 올려. 그래, 체력이 힘세네."

정신이의 말이 떨어지기 무섭게 체력이가 철봉에 매달려 지시에 따랐다.

"방금 너는 $x$축의 아래에서 $x$축 위로, 그러니까 $y$축의 양의 방향으로 진입한 거야."

"대체 무슨 소리야? 좀 어려운데?"

정신이는 바닥에 좌표 평면을 나타내는 그림을 그렸다.

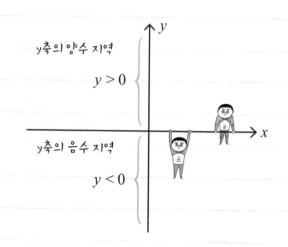

"이제 약간 감이 오지? $y$축의 양수 지역, 음수 지역은 앞에서 공부했으니 오늘은 $x$축 대칭에 대해 공부해 보자."

"$x$축 대칭?"

"뭐, 별로 어렵지 않아. 도형으로 말하자면, **x축을 접어서 만나는 도형을 x축 대칭 도형**이라고 해."

이기는 스포츠, 수학·과학으로 답을 찾아라!

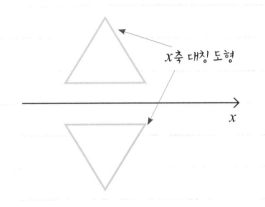

$x$축 대칭 도형

$x$

"자, 이제 $y$축의 양수 지역에 가서 지금 매달린 자세의 $x$축 대칭인 상태를 만들어 봐."

"아, 그건 너무 힘들어."

그때 한계 삼촌이 나타났다.

"나는 체력이가 할 수 있으리라 믿는다."

"삼촌! 낯간지럽게 웬 응원이에요."

체력이는 어쩔 수 없이 $x$축 대칭인 상태를 만들었다.

"으라차차차!"

"체력아, 그렇게 5초간 버텨야 인정해 준다."

"하나, 둘, 세엣, 네엣, 다아섯."

쿵!

그렇게 체력이는 힘들게 $x$축 대칭을 완성하였다.

"체력아, 아무리 힘들어도 그렇지, 착지에서 실수를 하면 어떡하

니? 금메달을 놓치고 말았잖아. 하하하."

"뭐야, 난 팔이 떨어져라 매달렸는데."

"오, 괜찮니? 미안해. 근데 체력아, 혹시 체조에서 찾을 수 있는 과학 이야기는 없니?"

체력이는 과학이라는 말에 얼굴이 밝아졌다.

"균형을 유지하기 위해 하는 가장 기본적인 훈련은 물구나무서기 잖아. 이 훈련은 균형 감각은 물론, 선수들의 몸 자체도 균형을 잡아 주지. 물구나무 자세를 하고 있는 체조 선수를 열화상 카메라로 찍어 보면 좌우의 열이 균등하게 퍼져 나가고 있음을 볼 수 있대.

또 몸에서 좌우 근육의 양과 강도가 균형을 이루고 있음을 알 수 있대. 인간이 육체로 표현하는 일의 한계에 도전하는 체조 동작은 과학적 원리가 뒷받침하고 있어. 또한 체계적이고 꾸준한 훈련을 통해서 더욱 완벽한 연기로 표현할 수 있고. 과학이 체조의 기술을 한 차원 높게 끌어올리는 셈이지."

"이 삼촌도 늘 한계에 도전하지!"

한계 삼촌의 엉뚱함에 모두가 즐겁게 웃으며 공부를 마쳤다.

수학과 과학으로 스포츠를 보니 스포츠 속 명장면이 당연하게만 보이지 않았다. 또 스포츠로 수학과 과학을 배우니 교과서 속 공식과 원리가 흥미롭게 느껴졌다.

정신이와 체력이는 앞으로도 수학과 과학 그리고 스포츠를 더욱 열심히 즐기기로 했다.

퀴즈 14    '원주율의 날'은 언제일까?

14. 철봉에 매달린 도형

"정신아, 너 옷이 그게 뭐야?"

오늘도 정신이와 놀려고 기다리고 있던 체력이가 정신이의 복장을 보고 놀라 물었다.

"호호호, 수학은 과학의 여왕이라는 말이 있지. 수학자 가우스가 한 말이야."

정신이는 마치 연극 배우처럼 왕관을 쓰고 드레스를 입고 이차 함수를 닮은 여왕봉에 농구공까지 들고 있었다.

"헉, 그래서 너 그런 거추장스러운 여왕 복장을 한 거니? 못 말린다."

이기는 스포츠, 수학·과학으로 답을 찾아라!

옆에서 체력이의 말을 듣고 있던 한계 삼촌이 따사로운 햇살 쪽을 향해 서서 손으로 그늘을 만들며 말했다.

"못 말리기 좋은 날씨구나."

한계 삼촌의 일차원적 개그를 못 들은 체하면서 체력이가 말했다.

"수학은 과학을 여는 도구라는 말도 있어. 그 말처럼 우리는 수학으로 통하는 과학을 공부했지. 특히 우리가 흔히 접하는 스포츠 종목에서 그 원리를 생각해 보니까 좀 더 재미있게 배울 수 있었어."

"그래, 맞아. 내가 좋아하는 스포츠 속에 그렇게 많은 수학과 과학의 원리가 녹아 있다는 걸 알아가면서 새삼 놀랐어."

정신이가 맞장구치며 말했다.

정신이와 체력이는 앞으로 수학을 공부할 때는 과학을 함께 살펴보기로 하고, 과학에 대해 생각할 때도 수학을 함께 들여다보기로 약속했다.

정신이와 체력이가 새끼손가락을 걸고 약속할 때 옆에서 보고 있던 한계 삼촌이 콧방귀를 뀌었다.

"수학과 과학을 잘하려면 뭐니 뭐니 해도 일단 몸이 건강해야 한다. 체력은 국력이란 말이 있지. 스포츠를 통해 몸을 튼튼히 키워야 수학이든 과학이든

잘할 수 있다고."

여전히 수학이나 과학에는 별 관심이 없다는 듯한 말투였다.

정신이와 체력이는 서로 마주 보고 알 듯 모를 듯 의미심장한 미소를 나누었다. 그러고는 몸으로 익힌 수학과 과학을 책으로 읽으면서 정리하겠다고 도서관에 갔다.

물론 한계 삼촌은 따라가지 않았다.

그런데 혼자 남은 한계 삼촌 역시 고개를 숙이고 무언가를 읽고 있었다!

세상에, 한계 삼촌은 수학책을 보고 있었다. 아무리 초등학교 수학 교과서라지만, 한계 삼촌의 손에 수학책이 들려 있다는 것은 코끼리가 방으로 들어가려고 열쇠 구멍으로 몸을 집어넣는 것처럼 불가능한 일이다.

한 장을 겨우 넘기는가 싶었을 때 한계 삼촌의 넋두리가 튀어나왔다.

"초등학교 4학년이던 어느 수학 시간, 교실 앞으로 불려 나왔는데 칠판에 적힌 수학 문제를 풀지 못했다. 하필 그때 내 사랑 봉순이가 보고 있었다니……."

그 당시를 다시 기억해 보던 한계 삼촌의 붉어진 얼굴에는 부끄러운 심정이 내비쳤다. 하지만 한계 삼촌은 곧 머리를 흔들어 털며 아픈 과거를 떨쳐 버렸다.

그리고 이렇게 외쳤다.

"그날 이후로 멀리한 수학! 오늘부터 다시 도전해 보련다. 나 어릴 적 스포츠로 수학을 배웠다면 나도 할 수 있었을 텐데……. 봉순아, 나 수학 공부 한다."

하지만 한계 삼촌은 모르고 있었다. 봉순이 누나는 수학 선생님과 결혼해서 잘살고 있다는 것을…….

# 스포츠에 숨은 수학·과학 퀴즈 정답

**퀴즈 1** 어떤 선을 기준으로 좌우가 똑같이 대칭을 이루는 도형을 선대칭 도형이라고 한다. 선대칭을 이루는 곤충으로는 나비를 들 수 있다.

**퀴즈 2** 원은 납작한 평면 도형이고 구는 부피가 있는 공 모양의 입체 도형이다. 실생활에서 원은 쟁반에 그리고 구는 축구공, 농구공, 야구공에서 찾을 수 있다.

**퀴즈 3** 이론상 모든 물체는 공기 저항이 없다면 45°로 던졌을 때 포물선을 그리며 가장 멀리 날아간다. 하지만 원반은 중앙이 가장 두꺼운 형태라서 양력의 영향을 받는다. 45°로 던진 원반은 더 큰 각도로 올라가 버려 날아가는 거리도 짧아진다. 이를 감안해 30° 정도의 각도로 원반을 던지는 것이 좋다.

**퀴즈 4**  역도 선수가 손에 묻히는 가루는 탄산마그네슘이다. 이 가루는 마찰력이 커지게 해 미끄러짐을 방지하고 역기를 잡는 데 도움이 된다.

**퀴즈 5**  달리는 자전거와 같이 움직이는 물체에는 계속해서 움직이려는 관성의 법칙이 작용하기 때문이다.

**퀴즈 6**  스키가 길쭉한 이유는 힘을 분산시켜서 바닥에 넘어지지 않도록 하기 위해서다.

**퀴즈 7**  농구공 표면이 울퉁불퉁한 이유는 손으로 공을 드리블할 때 미끄럼을 방지하기 위해서다.

퀴즈 정답

**퀴즈 8**  야구공에는 108개의 실밥이 있는데, 투수가 공을 던질 때 공에 많은 회전을 넣을 수 있도록 만든 것이다.

**퀴즈 9**  속력은 단순히 방향이 주어지지 않은 상태에서의 빠르기만을 나타내지만, 속도는 어느 방향으로 그리고 얼마의 빠르기로 이동했는지를 의미한다.

**퀴즈 10**  당구를 칠 때 공을 맞히는 부위에 따라 회전력이 달라지기 때문이다. 또한 큐대와 공이 부딪히면서 작용하는 마찰력 역시 신기한 움직임이 일어나는 원인이다.

이기는 스포트, 수학·과학으로 답을 찾아라!

**퀴즈 11** 좌표 평면을 만든 수학자는 유명한 철학자이기도 한 데 카르트(René Descartes, 1596~1650)다. 데카르트는 천장에 붙은 파리 를 보고 좌표 평면을 만들었다고 한다.

**퀴즈 12** 볼링 선수는 공을 던질 때 공에 회전을 준다. 공에 회전 을 주면 공은 곡선을 그리며 굴러간다. 곡선이 이루는 범위가 늘어 날수록 스트라이크가 될 확률이 높아진다.

**퀴즈 13** 확률이라는 개념은 그 이전부터 있었지만, 확률을 체계 적으로 정리한 사람은 파스칼(Blaise Pascal, 1623~1662)이라는 수학 자다. 열두 살에 유클리드의 스물세 가지 공리를 스스로 터득했고 삼각형 내각의 합이 180°라는 것을 발견했다. 또 '인간은 생각하는 갈대다.'라는 명언이나 철학적 업적으로도 유명하다.

**퀴즈 14** '원주율의 날'은 3월 14일이고, 파이 데이(π day)라고도 부른다. 원주율은 3.14로 시작하는 무한 소수인데, 바로 그 3개 숫 자를 따와서 기념일을 정했다.

**13 수학으로 통하는 과학**

# 이기는 스포츠, 수학·과학으로 답을 찾아라!

ⓒ 2018 글 김숭태
ⓒ 2018 그림 이창우

초판 1쇄 발행일  2018년 12월 27일
초판 2쇄 발행일  2022년 6월 14일

**지은이** 김숭태
**그린이** 이창우
**펴낸이** 정은영

**펴낸곳** ㈜자음과모음
**출판등록** 2001년 11월 28일 제2001-000259호
**주소** 10881 경기도 파주시 회동길 325-20
**전화** 편집부 (02)324-2347, 경영지원부 (02)325-6047
**팩스** 편집부 (02)324-2348, 경영지원부 (02)2648-1311
**이메일** jamoteen@jamobook.com
**블로그** blog.naver.com/jamogenius

ISBN 978-89-544-3930-5(44400)
       978-89-544-2826-2(set)

잘못된 책은 교환해 드립니다. 저자와의 협의하에 인지는 붙이지 않습니다.

이 도서의 국립중앙도서관 출판시도서목록(CIP)은 서지정보유통지원시스템
홈페이지(http://seoji.nl.go.kr)와 국가자료공동목록시스템(http://www.nl.go.kr/kolisnet)에서
이용하실 수 있습니다.(CIP제어번호: CIP2018039129)